名师课堂·心理学系列

发展心理学笔记

审校 沃建中　　编著 沈莉

商务印书馆
创于1897 The Commercial Press
2013年·北京

图书在版编目(CIP)数据

发展心理学笔记 / 沃建中审校，沈莉编著．
—北京：商务印书馆，2013
（名师课堂·心理学系列）
ISBN 978-7-100-09640-9

Ⅰ．①发… Ⅱ．①沃… ②沈… Ⅲ．①发展心理学-自学参考资料
Ⅳ．①B844

中国版本图书馆 CIP 数据核字(2012)第 273391 号

发展心理学笔记
沃建中 审校
沈 莉 编著

商 务 印 书 馆 出 版
（北京王府井大街36号 邮政编码 100710）
商 务 印 书 馆 发 行
北京瑞古冠中印刷厂印刷
ISBN 978-7-100-09640-9

2013 年 1 月第 1 版　　开本 787×960 1/16
2013 年 1 月北京第 1 次印刷　　印张 13¾ 插页 1
定价：29.80 元

“名师课堂·心理学系列”编写说明

这套“名师课堂·心理学系列”图书是商务印书馆邀请中国心理学界一线知名学者共同策划的大众心理学读物。本系列图书以课堂笔记的形式呈现内容，让您的阅读过程有如亲临讲课现场，与老师面对面，聆听老师“传道、授业、解惑”。大量的手绘插图和区块化设计，不仅让行文更加生动，也更便于读者理解相关知识点。无论是普通的心理学爱好者，还是有志于深造的学子，都会在阅读过程中发现心理学的学习过程原来可以这样高效、轻松、有趣。

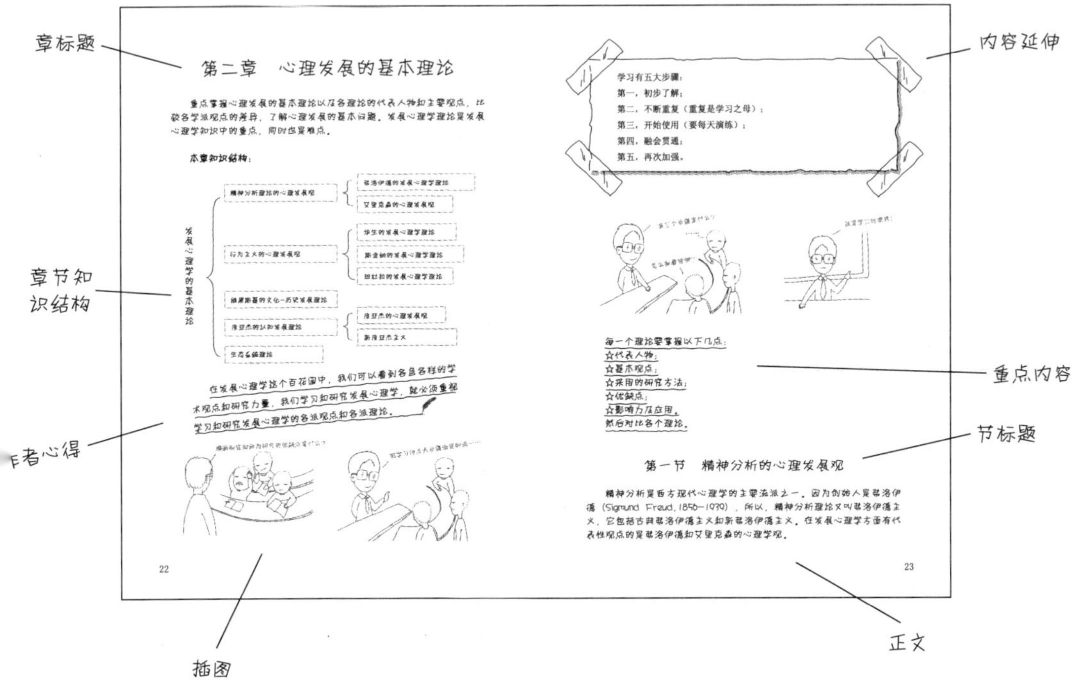

如果是学习本专业的读者，我们建议您仔细阅读每本书的序言和序言后老师们自己的学习经验和心得。这里有各位老师独家的学习方法和研究感受，希望对您未来的学习和研究能有具体帮助。这也是本系列图书有别于其他心理学同类图书以及各位老师其他图书的地方。

此为作者心得，便于读者更好地理解相关内容。

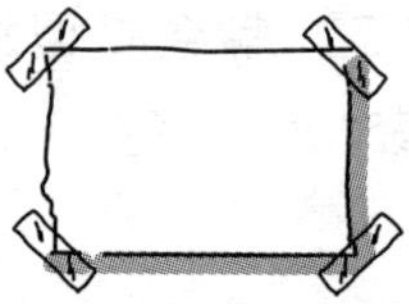

此为内容延伸，便于读者更深入地理解相关内容。

此为重点内容，便于读者掌握关键内容。

对于想要快速阅读本书的读者，建议重点阅读每页波浪线标注的内容，配合插图加深理解，可有效掌握相关内容。

对于想要深入了解这门学科的读者，请关注附录中老师们的参考文献，这是一条可以追寻的线索。

序

当我静静地坐下来思考为我的弟子沈莉写序时，我的脑子里不断跳出来许多由于不了解儿童的成长规律而导致教育失误的故事。我曾经遇到过这样一位初三的男生，他的父母反映他经常逃学，找各种借口不去参加考试，玩游戏不要命，如果在玩游戏中输了，还要大发脾气，在学校里经常顶撞老师，成绩中下。当我与他深入沟通后，他告诉了我他的秘密：他不敢在学校上厕所，“只要我去厕所，就拉不出来，总觉得很多人在看我，说我。”他也不敢在学校吃饭。我问他，那你怎么办呢？他说家里在学校附近租了房子，每次他都是趁课间操跑到家里上厕所，饭也是在家吃的。他在与我沟通的过程中，两眼不敢正视我，声音很轻、不连贯，且颤抖，他个子较高，但很瘦，额头有了三道抬头纹！我进一步问他，你将来要干什么？他说：“我将来要很有钱。”“有钱干什么？”“我要买下这所学校，然后，把他炸平，建立我的总部！”他回答说。我听完后感到特别惊讶。后来我进一步了解到，这孩子1岁后基本上是姥姥带大的，一直到初二。父母出国深造，为了自己的事业工作特别忙，父母都是博士毕业，可是，父母之间经常吵架，特别严重的是父母与姥姥、姥爷经常发生矛盾，常吵架。按照他父亲的说法，他的姥姥、姥爷从来没有接纳过他！吵了二十几年了……

孩子为什么会这样？孩子在成长、发展过程中有许多的关键年龄，孩子与父母之间信赖感的建立是在孩子出生后6个月—3岁建立的，而一个孩子如果在一个缺乏安全感的环境中成长，就会出现各种问题。一个人的成长就像一棵树苗的生长，如果这棵树苗生长在肥沃的土地上，就会茁壮成长；如果生长在贫瘠的土地上，就长不高了。而人的成长的良好土壤是什么？就是和谐的家庭环境，如果家长懂得儿童成长的规律，就会为孩子营造良好的生长环境。因此，发展心理学不仅是那些考心理学研究生的人、那些做研究的人需要学习的课程，也是人人都要学习的一门课程。

我们很多人第一次接触到“发展心理学”时，会以为是研究心理的历史发展的科学。其实，发展心理学是专门研究一个人从娘胎里出来，慢慢成熟、成长，到中年，再到衰老、死亡的生命全程的心理规律的科学。人的一生中，无论你生活在哪个阶段，都要懂得一点心理发展的年龄特征，从而使自己的生活更加美好、幸福，少走弯路。

心理学何时走出象牙塔？让普通的老百姓也能明白？商务印书馆策划了这套书系，以教材为蓝本，以老师课堂讲课为形式、以课堂笔记为载体，呈现给广大读者。这是一个非常好的主意，这样就可以让抽象难懂的概念、原理通俗化，让更多的读者受益。

本书是以我的恩师林崇德教授主编的《发展心理学》（人民教育出版社出版）为蓝本，以我多年来给本科生和考研生讲授的《发展心理学》为内容主线，由我的学生沈莉根据她的课堂笔记编写而成的。在内容框架上体现了两条主线：认知发展和个性社会性发展；以及四个重要方面：大脑的成熟、儿童成长的环境、动作发展和语言发展。本书重点关注0—18岁儿童，对成人发展做了简要概括，合并到一章内容中，这也是符合考研大纲要求的。

本笔记体现了以下几个特色：

实用性。发展心理学这门课本身比较抽象，以介绍心理发展规律为主体。但本书以课堂笔记的形式出现，采用了讲课过程中使用的大量案例。例如，我在讲课的过程中，在介绍婴儿爬行动作发展规律的同时，会结合着讲授如何在婴儿爬行的关键期进行适当的爬行训练；又如，早期教育从什么时候开始？很多人认为应该从胎教开始，可是，要真正做到优生，早期教育应该从年轻的准妈妈、准爸爸开始；再如，如何根据小学儿童思维发展规律，进行创造性思维训练？本书很好地呈现了心理发展与教育的关系。这样读者看完书，在理解心理发展规律的同时，还可以解决现实中很多的教育困惑。

生动性。书中有大量有趣的插图，加上生动的故事、案例，有助于读者更好地理解概念、发展规律，同时在学习中得到启迪。

丰富性。本书的内容丰富，在书中扩展了很多课堂上、原有书中没有的内容，介绍了最新的研究进展，包括我们的最新研究，作为读者的扩充阅读材料，便于读者更好地理解儿童发展规律。例如，人际沟通是人一生发展中最重要的能力，是一个人成功与否的关键因素，而这种能力发展的关键年龄是在幼儿阶段的4岁，心理学家的相关心理理论实验研究都在书中展示了出来。我们今天的一些孩子比较自我，很少考虑别人，主要原因是我们的家长在孩子幼儿时期比较少引导、培养他们如何从他人角度思考问题，理解别人的意图——家长如果知道了这一点，后面就会少走很多弯路，让孩子健康成长。

思想性。沈莉在写作这本书的过程中，根据自己的理解，加入了很多自己的想法和感悟，让读者感到是在课堂上，与读者一起领悟心理发展的规律，从学生的视角理解发展心理的基本规律和年龄特点，以及对我们教育的启示。

感谢商务印书馆的工作人员，他们为这本书的策划、组稿、编辑直至出版付出了艰辛的汗水。特别感谢我的学生沈莉，她是一位非常优秀的学生，勤奋好学，善于思考，有自己的独到见解，本书没有她的努力很难付梓。感谢我多年来教授的本科生和研究生，书中很多的最新研究都是与我的研究生一起完成的。最需要感谢的是我的恩师林崇德教授和沈德立教授，没有导师的引导、帮助，我很难走进心理学这扇大门，探究人的发展规律。希望读者能伴随这本书去领略心理的发展规律，走进心理学的大门，如果读者能从书中得到启迪，我就心满意足了。当然，发展心理学这门课内容多，体系庞大，受字数的限制，在课堂上有许多真实的案例很难在书中呈现，读者只能自己结合实际去领悟了。由于时间仓促，纰漏在所难免，望读者斧正。

沃建中

2012年8月8日于北京环度工作室

目　录

沃老师为什么选择发展心理学？

在心理学众多的研究领域里，沃老师为什么选择了发展心理学作为主要研究方向呢？就这个问题，我在刚考取沃老师的研究生时曾经跟他探讨过，我们来听听沃老师选择发展心理学的理由吧。

沈莉："沃老师，您是擅长做基础研究的，为什么选择发展心理学呢？"

沃老师："谈到发展心理学，要首先了解我为什么选择心理学。我当初选这个领域作为我的人生发展方向，不是随便之举，也不是因为某个机遇，而是跟我的人生经历有很大关系。"

沈莉："是吗？那跟我一样了。我选择从事心理研究和教育，选择报考您的研究生，也是跟我的人生经历有关系。"

沃老师："好啊，女士优先，那你先谈谈。"

沈莉："谢谢沃老师。在我上初二的时候，有一个糟糕的班主任，实行的是典型的粗暴教育，我们对他又怕又恨，每天都过得很痛苦，所以我心里发誓将来要当一名优秀的教育专家，绝对不让我的学生这般受苦。后来大学时选择的就是教育，但是在实习的时候发现，只有教育学知识是不够的，还需要懂得心理，所以就报考了发展心理学。"

沃老师："呵呵，你的选择比较明确，也比较单纯。我的选择就比较复杂了。我在上大学之前，对无线电、物理等方面非常感兴趣，也很擅长，经常会搞出一点发明之类。上大学的时候，因为时代的原因，经历了很多波折和磨难，最后只上了一所普通大学，而且被录取到了哲学专业，说是因为我的政治考得好。我很不甘心，也不太喜欢，所以就天天跑图书馆去看书，认认真真看了一百多本书，思考并寻找自己的未来发展方向。理科对我来说是比较容易的，但我骨子里比较喜欢挑战自己，在查了很多资料以后，发现人类的大脑是世界上最复杂的学科，它是一块未开发的处女地，所以确定的方向是做脑科学。当时是连专业书都买不到的。但是单纯做脑科学研究，从应用的角度来说，意义不是太大。因为心理的载体就是大脑，因此我决定把心理和大脑联合起来做研究。在当时考研的时候，脑机制和发展心理都是要考的。在具体选择方向的时候，在基础心理学和发展心理学之间，我更倾向于发展心理学。为什么呢？因为发展心理学与教育很有关系，它有几个角度：从生理上来讲，可以探讨人的大脑在成熟的过程当中，它的可塑性如何；从心理上来讲，可以探索心理发展的规律和脑功能发展的规律，这两者结合起来，就是我今天研究的方向；从应用角度来说，它的研究结果可以直接应用于我们的教育，可以对教育起到作用和影响。另一方面，我是很喜欢当老师的，所以怎么把心理发展规律应用于我们的教育，是我渴望从事的工作。从大的角度来说，一个国家的发展，关键在于培养人才，而人才培养的关键就在于我们的教育，了解一个孩子怎样健康地发展，怎样走向成熟，适应社会发展，是我选择发展心理学的理由。

沈莉："谢谢沃老师，那还有别的原因吗？"

沃老师："当然。从研究思路上来说，我反对只做纯粹的基础理论研究，而不考虑应用；也反对纯粹做应用研究，而不考虑基础。我的研究思路是把基础研究和应用研究结合起来做。这得益于我的恩师林崇德教授，他的研究思路就是'把理论研究与实践结合起来'。所以我的研究领域有三个：第一个是基础研究，脑功能与认知发展；第二个是中小学生的心理健康教育，比如前几年出版的心理素质课程《幼儿心理导向》系列丛书、《小学心理导向》系列丛书以及《中学心理导向》系列丛书等；第三个是人的生涯发展规划。第一个是基础，第二个和第三个是应用，基础和应用是有密切关系的。这是我做研究的基本思路，也就是在做基础研究的时候，考虑它的应用价值；同样，在应用过程中依然可以搞基础研究。这样就避免了纯实验室研究脱离实际的弊端，同时又能尽量控制应用当中主观性强、干扰因素多的问题，用实验室的方法来控制一些变量，来观察自变量对因变量的变化。在我多年的研究当中，很多基础研究是在应用领域当中进行的，这就是我的研究思路。"

沈莉："沃老师，我知道您获得过心理科学中好多唯一的奖项，比如全国首届百名优秀博士学位论文奖，再比如教育部'自然科学科技进步'二等奖，还有刚刚获得的国家发明专利，等等，这跟您的研究思路是否有关系？"

沃老师："也可以这么说。今天获得小小的成就，主要得益于我有非常优秀的老师的指导和帮助。我的导师林崇德教授、沈德立教授，还有北京大学的韩济生院士等等，我一辈子感恩他们。另一方面，是跟我的研究角度和思路有很大的关系。"

沈莉："谢谢您。您选择发展心理学的原因，以及独特的研究视角，我想对我们学习和研究心理学的学生来说，都将会有很大的帮助。"

沃老师是怎样学习发展心理学的？

沃老师选择了发展心理学，那么他是怎样来学习的呢？是否有什么好方法呢？我们来听听。

沈莉："沃老师，我想每门课都有它的特定学习方法。大家都很想知道您是怎样学习发展心理学的，能跟大家说说吗？"

沃老师："没问题。在我学习发展心理学的过程当中，有几个思路，供大家参考。第一个，我喜欢预测性的学习，这是我的重要学习方法之一。什么叫预测性学习呢？我在拿到一本书时，不会马上去看里面的具体内容，而是根据书名猜想这本书到底写的是什么，会讲什么。比如，我在拿到《发展心理学》这本书时，会猜想大致讲些什么。比如'儿童'这个概念，在没看书之前，我以为儿童就是小学生，而事实上从0岁到18岁都叫儿童，这是个让我感到很惊讶的问题，学习起来也是充满兴趣和思考的，原来心理学家把儿童的概念扩展到17、18岁。这个心理学家叫霍尔(Granville Stanley Hall)。还有，我以为儿童心理，指的就是儿童心理活动或者心理变化，但是看了书才知道儿童的行为，比如动作、语言等，也是儿童心理的范畴。所以，通过预测性学习以及实际学习，才知道很多知识跟自己想象的是有很大差异的。另外，通过预测学习，我也在探讨发展心理学与基础心理学的差异在哪里。后来明白了，基础心理学做实验研究，发展心理学做实证研究，两者差别很大。基础心理学的自变量是可以人为操控的，比如把刺激的材料分成不同的水平来进行操作。我们举个很简单的例子，在认知心理学里面，比如第一道题：7+8=？；第二道题：7+？=18；第三道题：？+8=16；这三道题目你认为有没有水平上的差异？"

沈莉："那肯定有。"

沃老师："这句话说得不准确。如果用准确率作为指标，那么没有水平上的差异，但是如果以反应时作为指标时，就有差异了，这是三个不同的水平。这样操纵自变量水平，用反应时和准确率同时作为指标，你会发现，随着题目难度的增加，反应时增加，这就考察了自变量和因变量的关系。这是基础心理学研究最典型的范式。可是发展心理学的自变量是什么呢？

沈莉："以年龄为自变量。"

沃老师："是的，以年龄为自变量。随着年龄的增加，因变量随之发生变化。这是发展心理学的特色，理解这一点非常重要。我们再来讲方法，在研究方法上，我们经常用到横断研究，比如，现在我们想研究'小学生一到三年级表象能力的发展'，我们可以选定小学一年级组、二年级组、三年级组，在同一时间进行表象能力测验，根据结果我们得出结论：随着年龄的增长，小学儿童的表象能力在发生变化。但是，这条变化的线是波动的，不是一条直线，有时高，有时低。刚开始不明白，咦，怎么会这样呢？后来在猜想后再做研究，发现原来一年级组、二年级组、三年级组的孩子属于不同年代。这是横断研究致命的弱点。后来想，怎样才能做到研究被试是同质的呢？追踪研究，也就是纵向研究。那么纵向研究解决什么问题呢？比如说这个孩子今年6岁，做了一次表象能力测试，7岁时再做一次表象能力测验，8岁时再做一次，这样他的表象能力发展就有一个连续变化的过程，这叫真正揭示表象能力随着年龄变化的规律和过程。当然，现在有更好的研究方法，也就是聚合交叉设计，把横断研究和纵向研究结合起来。这是我们讲的预测性学习。"

沈莉："第二个研究方法呢？"

沃老师："第二个研究方法叫做比较法。例如，发展心理学的教材有很多版本，比如儿童心理学、发展心理学、儿童发展与教育，还有关于某个年龄段的，比如婴儿心理学、小学儿童心理学，等等。这些书里都会介绍各种学派或理论，比如发展心理学的书里会讲到弗洛伊德的发展心理学理论，其他书里也会讲到弗洛伊德，我们会发现，不同的书里介绍的还不太一样，这个时候，把它们放在一起比较，再去看心理学史的时候，才明白，噢，这个学派原来是什么样子，不同的书从不同的角度进行介绍，这本书取了这个部分，那本书取了那个部分。使用这种比较法学习，最有利于从全方位记住这个理论。"

沈莉："那么第三种方法呢？"

沃老师："第三种学习方法就是考虑应用。边学习边考虑它具有什么应用价值。比如在学习发展心理学知识的过程中，思考它有什么应用价值。这个是最容易实现的，因为大家都是从孩子开始长大的，可以回忆童年时期的很多生活。再比如，有的父母会发现，哎，我的孩子会爬了！那么孩子几个月开始会爬的？在什么时候做爬行训练比较有用？是否鼓励孩子去爬？学习了之后才发现，孩子基本上是在8个月左右会爬的，但是训练可以在6个月的时候进行，经过训练和不经过训练的孩子，结果是完全不同的。所以，采用学步车让孩子学会走路是不恰当的，没有经过爬直接学会走路，对孩子是不利的。在孩子学会爬之后，要鼓励孩子沿墙壁站起来，再沿墙壁走，这样训练下来，不仅训练孩子的独立性，也训练了孩子的智力，因为在儿童发展早期，动作和语言代表了儿童的智力水平。还有，当孩子在绕过凳子时摔倒了，哇哇地哭，这时候很多成年人怎么做呢？有人一边打凳子一边说：'打它，打它，凳子把你绊倒了。'这个对吗？成人无意之中的行为让孩子学会了如何推卸责任：这不是我的错，是凳子的错。长大以后，也习惯性地推卸责任，比方说发通知，别人没收到，他反过来说，‘通知我发了，收不收到是他的事情啊。’噢，原来是这样的，儿童动作的发展跟他的健康人格发展也是有关系的，这就考虑了它的应用性。还比方说，我们成人在生活中会有很多困惑，如我注意力不集中怎么办？我失去信心怎么办？有时情绪不佳怎么办？这些问题如果能跟发展心理学知识结合起来，你可能就更容易理解和掌握一些基本观点和基本理论。”

沈莉：“您讲的这个应用性实在太好了！很多学生只学不用，或者只学不思考，这对学习的高度就有很大影响。”

沃老师：“是的。第四个方法，学习发展心理学，一定要勤于记笔记，写感想。我把看书过程中遇到的困惑、疑点、难点，或者有新的感悟、感动的地方，全部用心理学笔记的方式记录了下来。这个很有用。你可以看看我的心理学笔记，有很大一摞。”

沈莉：“是的，沃老师，我们看了您的心理学笔记，都特别佩服，很受启发，已经摘录了一些放在这本书的附录里了，以便让其他同学也能学到您的这个方法。”

沃老师：“当时我在考研的过程中，有很多思考，都记了下来，这对于构建自己的理论体系，特别有帮助。这就是我学习发展心理学过程中的一些方法，谢谢。”

沈莉：“好，非常感谢您，沃老师。作为您的学生，我真的很受启发，有些东西是以前没注意思考的。”

课前准备

一、怎样学习发展心理学

大家在拿到《发展心理学》这本书之后，看到“发展心理学”这几个字，首先应该猜想，它讲的是什么呢？打开书的目录，浏览一遍之后，看到第一章，再猜想，这一章会讲什么呢？这叫预测性的学习，这是学习的第一个策略。

第二个策略，在学习的时候，会遇到不少困惑或难题，要随时把这些问题记录在书的旁边，这叫提问式的学习。

第三个策略，除了这本发展心理学的书要看以外，还要看一些和发展心理学相关的书，补充知识，做到融会贯通，这叫比较性的学习。这三种策略对于把发展心理学学好，是非常有帮助的。

二、学习发展心理学需要坚定的信念

首先判断自己是否适合学习心理学。很多人不断地改变专业，是因为不了解自己，没想好自己要的到底是什么，就会走很多弯路。

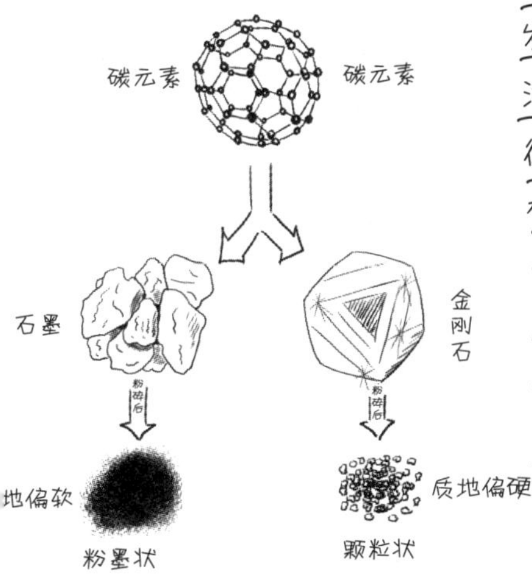

一个人要成功，就要了解自己最擅长的部分，利用自己的擅长，才能走向成功。研究发现，即使是成绩最差的人，都有其最佳的潜能优势，所以从这个角度来说，成绩不是衡量一个人将来能否成功的真正指标。我们在中学的时候都学过化学，知道有两种物质，一种是石墨，一种是金刚石，都是由碳元素组成的，但是一种非常软，一种却非常硬，因为结构不同。人的大脑也是有差异的，从出生就有了先天差异。就每个人的擅长来说先天遗传占了很大比例。我们在决定学心理学、决定考研继续深造之前，除了兴趣，还要注意发现自己的优势和擅长，看自己是否真的适合学心理学，同时问自己能否一直坚定学下去。

其次，要明白选择心理学并非是没有办法的下策。很多人以为心理学好考好学，于是在其他专业考不上的情况下考虑学习心理学专业，那就错了，日后必定后悔。

第三，已选择，那就坚定信念，不三心二意。

有个学生在考研之前就跟导师联系，告诉导师一定要考他的研究生。考试的时候，分数线达到了，但是第一轮面试的时候没有通过，当时她求导师说，我特别想读这个研究生，您看还有没有可能帮我争取一个名额。导师看这个孩子特别努力，坚持性特别好，对心理学的领悟也不错，就向领导申请收这个学生，看能否给她一次机会。后来领导又到校长那里请求批准，一个月以后，名额终于批下来，学校破格录取了她，给她发了录取通知书。但她拿到录取通知书以后，给导师发了封电子邮件，说今年的工作找好了，不去上学了。把导师气得差点吐血。关键是浪费了一个名额。

三、学习心理将来能从事哪些工作？

学了心理学有什么用？很多人不了解，以为学了心理学就是当心理医生。错了。来听听沃老师讲故事。

沃老师讲故事

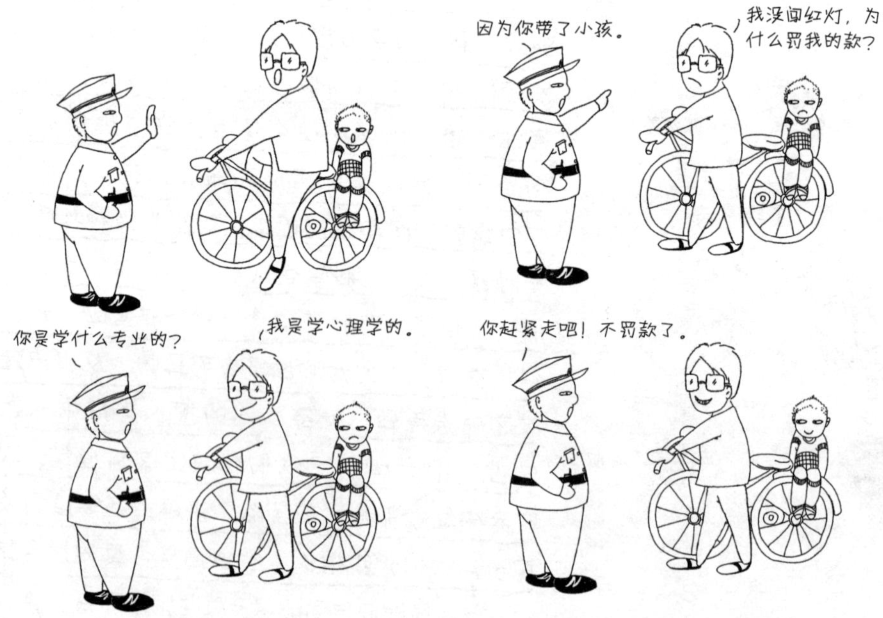

心理学在现实生活中无处不在。有一次电视台要做一期节目拿出去比赛，做了四五个片子请三十几位专家去评审，建议专家们根据孩子的喜好对这些片子分别打分，然后再请小学生们来打分，结果让人大吃一惊，专家们认为孩子们应该很喜欢看的节目，孩子们却最不喜欢看，而专家们认为孩子们应该最讨厌看的片子，孩子们却反而最喜欢看。结果是相反的，原因是什么？因为专家们不懂得发展心理学，不了解孩子。

1. 学术型人才

这类人才主要从事与心理学有关的基础研究，工作单位可以是各类高校，也可以是各大科研机构等。

2. 应用型人才

这类人才主要从事心理学应用研究工作，具体来说大致有以下几种类型。

——国家机关：

一般是公安系统、教育行政部门：公安局、劳教所、监狱、边检站等都是可能的去处。

——心理应用相关企业：

猎头(人才中介)公司、生涯发展规划机构、人才测评机构、企业咨询和人力资源管理机构、策划设计公司等。

——各大企业：

人力资源管理，市场调查、产品研发、设计、市场推广、广告等。

——中小学：

从事心理咨询、心理健康教育、心理健康教育课题研究等。

——心理咨询机构：

专门从事心理咨询工作。

——医院和诊所：

学习临床心理学和医学心理学的学生，可以去精神病医院或心理诊所从事心理咨询和治疗的工作，但是中国现今对心理医生的需求不足，去医院需要有行医执照。

3. 研究应用型人才

主要从事研究工作，同时把它应用到心理相关的领域。

4. 自由职业者

心理学的写作、演讲、培训等工作。

四、学习发展心理学的参考书

关于发展心理学的参考书，可以以一本书为主，其他的书作为辅助。

《发展心理学》，林崇德主编，人民教育出版社，2009年。

《儿童心理学》，朱智贤著，人民教育出版社，2003年。

《儿童发展心理学》，刘金花著，华东师范大学出版社，2006年。

《发展心理学——儿童与青少年》（第六版），［美］David R.Shaffer著，邹泓等译，中国轻工业出版社，2005年。

《儿童发展与教育》（上、下册），［美］Teresa M.Mcdevitt，Jeanne Ellis Ormrod著，李琪、闻莉、罗良、潘洁译，林崇德、沃建中审校，教育科学出版社，2007年。

《儿童与儿童发展》（上、下册），［美］罗伯特·V.卡尔（Robert V.Kail）著，周少贤、窦东徽、郑正文译，教育科学出版社，2009年。

《优质生命的诞生——宝贝计划》（系列丛书），沃建中、彭彧华、沈莉著，北京航空航天大学出版社，2010年。

沃老师说如果有一件事是必须要经历的，那么为什么选择痛苦，而不是快乐呢？你选择不了环境，但至少可以选择你的态度。

沃老师讲故事：

学习心理学，尤其是学习发展心理学，除了作为一门职业，还可以用来提高自我和自助，更可以应用在家庭教育中。

我曾经碰到过一个刚刚上小学的孩子，6周岁。孩子到了学校以后老师对家长说，您这孩子需要到医院检查检查，可能上不了小学。家长立刻带着孩子到医院检查，诊断结果有两点，一是孩子智力偏落后；二是孩子患有孤独症，建议家长让孩子参加孤独症协会。

父母简直要疯了，一个是北大毕业，一个是清华毕业，都是高材生，儿子居然是孤独症患者。家长到处寻求帮助，后来找到我的导师林老师。林老师说："行啊，建中你帮他看看。"

我对这个孩子进行了综合测评，第一，发现孩子的智力在某些方面存在落后，但不是全部，有些方面还是超常；第二，孩子没有患孤独症，只是语言能力有所欠缺。他讲的话只有家里人听得懂，外人听不懂。

他说："妈妈，狗狗（谐音）。"你们猜，孩子是要什么？原来他是要喝水。你们肯定听不懂。到了幼儿园以后，小朋友们都很现实，听不懂他说的话，就没有人跟他玩。因为没人理他，于是他在幼儿园里就表现出来自言自语，整天孤单单的一个人玩。

那么他的错误语言是怎样形成的呢？我们详细了解一下孩子的成长过程就知道了。他妈妈是学计算机专业的，很内向，不爱说话。孩子出生以后，妈妈很少跟孩子进行语言上的交流和沟通，她觉得反正孩子小，又不懂事，跟他说什么他也听不懂。后来，孩子到了1岁的时候，妈妈恰好有机会公派出国，就把孩子托付给了保姆，这个保姆也不爱说话，一个下午抱着孩子三四个小时可以不说一句话，平时也只有简单的语言加手势。孩子爸爸很会说话，但是工作很忙，一回到家就逗孩子玩。不过刚学习说话的孩子发音不准确，比如常发出"en，en，en"、"ma，ma，ma，"、"bang，bang，bang"等音，爸爸看着好玩，即兴说："bang，bang，gou，gou，你要狗狗吗？噢，狗狗来了！"这个"狗狗"是爸爸模仿孩子的发音才产生的，错误语言就这样被巩固下来。<u>语言的功能主要是用来交流的。语言是约定俗成的，只要它的发音固定下来，意思固定下来，语言就形成了。</u>

孩子到了6岁，语言发展的两个关键期都已经过了，再想矫正就很难了。

孩子的妈妈几次失去信心，在家人的鼓励中才坚持下来。我首先不是训练孩子，而是训练孩子妈妈，让妈妈有信心。

整个语言矫正过程花了一年半的时间，才基本赶上正常的孩子。结果还算不错，但是花费了多少精力啊。这个例子说明什么问题呢？我们的父母不懂得如何教育孩子，不懂得孩子成长的规律。

所以我们今天来学习发展心理学，不管学得结果怎么样，至少将来可以生一个高质量的宝宝，不会白学。今天那么多不正常或有缺陷的孩子，原因基本上都是来自家庭。真的希望父母们都能懂一些育儿知识。后面我在讲解发展心理学知识和理论的时候，大家会更加明白发展心理学对我们每一个人都是很有帮助的。这也是我们这门学科的功能之一。

家庭教育需要发展心理学

第一章　发展心理学概述

第一节　发展心理学的框架解析

一、发展心理学的内容归类

发展心理学的大纲大致分为八章两大部分。第一部分包括前三章，分别是概述、基本理论和研究方法；第二部分包括第四章至第八章，分别是婴儿、幼儿、童年期、青少年和成年期的心理发展。

二、发展心理学的整体知识框架和结构

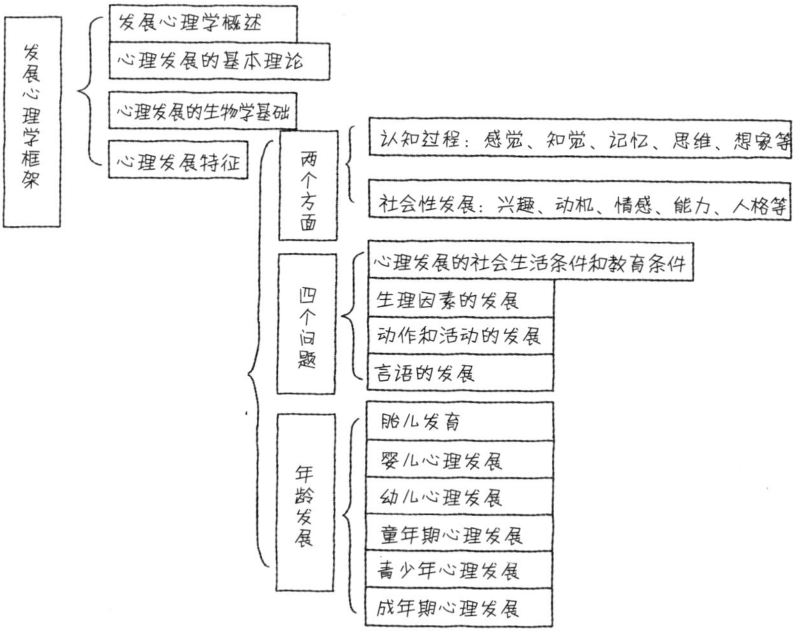

掌握发展心理学的研究对象，把握发展心理学的研究任务，重点掌握发展心理学的主要研究方法，了解发展心理学产生的原因以及发展的过程。

第一部分中，研究方法与基本理论是重点。

第二部分分别从生理、动作（活动）、认知（感觉、知觉、记忆、思维、语言）、情绪、个性和社会性几个方面说明每个阶段的年龄特征、相关理论和经典实验研究。对于这部分我们可以再进行详细的划分，分为三个小的部分：

(1) 生理和动作的发展；
(2) 认知心理过程的发展；
(3) 社会性的发展（情绪、个性、社会性）。

知识结构图：

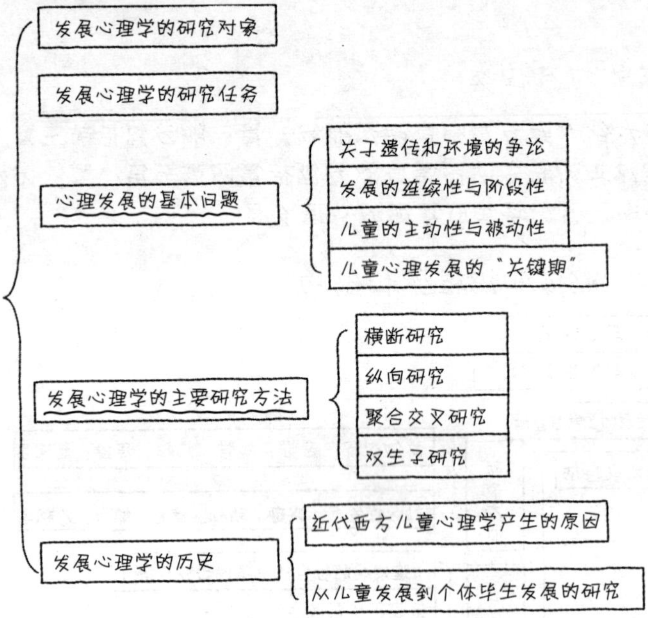

第二节　发展心理学的研究对象

发展心理学：研究个体从受精卵开始到出生、成熟，直到衰老的生命全程（life-span）中心理发生、发展的特点和规律。从教学大纲上来看，包括两条主线和四个重要方面。根据两条主线，心理学研究生有两个学习方向：一个是认知发展方向，一个是个性、社会性发展方向。

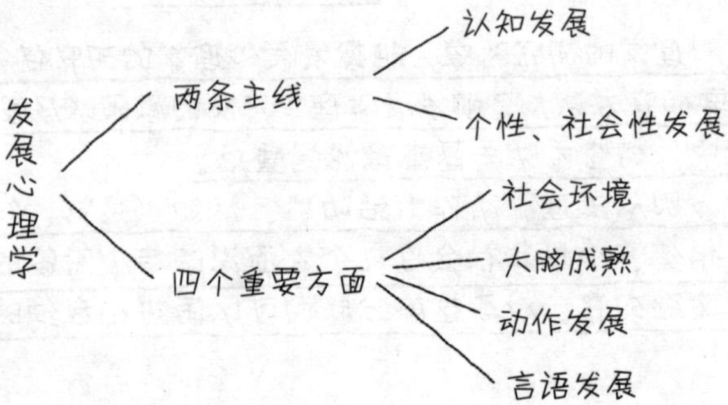

课后补充：

发展心理学有广义和狭义之分。广义的发展心理学是指研究种系和个体心理发生与发展的科学。包括：①动物心理学，又叫比较心理学；②民族心理学——原始人类心理学；③个体发展心理学。

狭义的发展心理学指的是个体发展心理学，是研究个体从受精卵开始到出生、成熟直至衰老的生命全程中心理发生、发展的特点和规律的科学，简言之，是研究人的一生的心理发展特点和规律的科学。包括：婴儿期（0—3岁）、幼儿期或称学前期（3—6岁）、学龄期即小学期（7—11岁）、青少年期或初高中期（13、14—17、18岁）、成年初期（18—35岁）、成年中期（35—60岁）、成年晚期（60岁至死亡）的心理发展特点。其中，儿童心理学是个体发展心理学中最核心的部分。

人的身心在生命进程中表现出质和量两方面的变化，且与年龄有密切的联系，既表现出连续性又表现出发展的阶段性，形成年龄特征。发展心理学研究的正是各种心理活动的年龄特征。具体地说，研究心理发展的年龄特征范围，应当包括两个主要部分和四个有关的方面。两个主要部分：一是人的认知过程（智力活动）的发展的年龄特征，包括感觉、知觉、记忆、思维、想象等。思维的年龄特征的研究是其中最主要的一环。二是社会性发展的年龄特征，包括兴趣、动机、情感、价值观、自我意识、能力、性格等。人格的年龄特征的研究是其中最主要的一环。为了研究生命全程或个体毕生心理发展年龄特征的这两个主要部分，还必须结合研究如下四个方面的问题：一是心理发展的社会生活条件和教育条件；二是生理因素的发展；三是动作（act）和活动（activity）的发展；四是言语的发展。

大家别认为发展心理学仅仅是对人的研究，广义上还包括动物心理学和民族心理学。

第三节　发展心理学的研究任务

一、发展心理学的研究任务主要有两类：

- 心理发展原理或规律的一类理论问题
- 个体发展各年龄阶段的心理特征问题

对于发展心理学的研究任务要好好理解，认真琢磨，理解透彻了就能统领整个发展心理学的内容。从整体到局部，学习起来就容易很多。

二、心理发展的基本原理

关于心理原理或规律的一类理论问题，争论主要在于以下几点：

争论：
- 人类心理和行为是先天的还是后天的
- 人类对待环境的关系是主动的还是被动的
- 人类心理发展是分阶段的还是连续的
- 心理发展的关键期问题

这几点争论也是比较难理解的，要注意多琢磨，理解它的涵义。

1. 关于儿童心理发展的遗传和环境的关系

先天与后天的关系，也即遗传与环境的关系。

遗传与环境的关系主要有遗传决定论和环境决定论两种争论。

更多的发展心理学家认为：遗传与环境互相作用和影响，共同决定着个体的发展，对于不同的心理因素，它们所起作用的比例不同。

2. 儿童心理发展的主动性与被动性关系

主动性与被动性的问题，实际上是儿童发展的内外因关系的问题。

环境和教育不是机械性决定心理的发展，而是通过心理发展的内部矛盾起作用。

因为儿童心理发展具有主动性，所以我认为孩子一出生就是具有智慧的，有学习的能力，有创造性，而不是“什么都不懂”。如何看待儿童，决定教育的方式和结果。

3. 儿童心理发展的连续性与阶段性

人类心理的发展，既是不断发展的，也是有阶段性的。两者统一起来，才能科学地解释生命全程的心理持续发展趋势，又能探讨不同年龄阶段心理发展的特征。

4. 儿童心理发展的“关键期”问题

类似于维果斯基的“最佳学习期限”。

儿童心理发展存在着敏感期，在某一特定的时期有某种心理倾向使儿童对特定事物或活动产生积极性和兴趣并能有效地对其认识和掌握，而过了这一时期上述情况会消失且不复出现。

三、个体发展各年龄阶段的心理特征问题

如何把握各个年龄阶段的特征？如何理解它们？心理特征指的是什么？

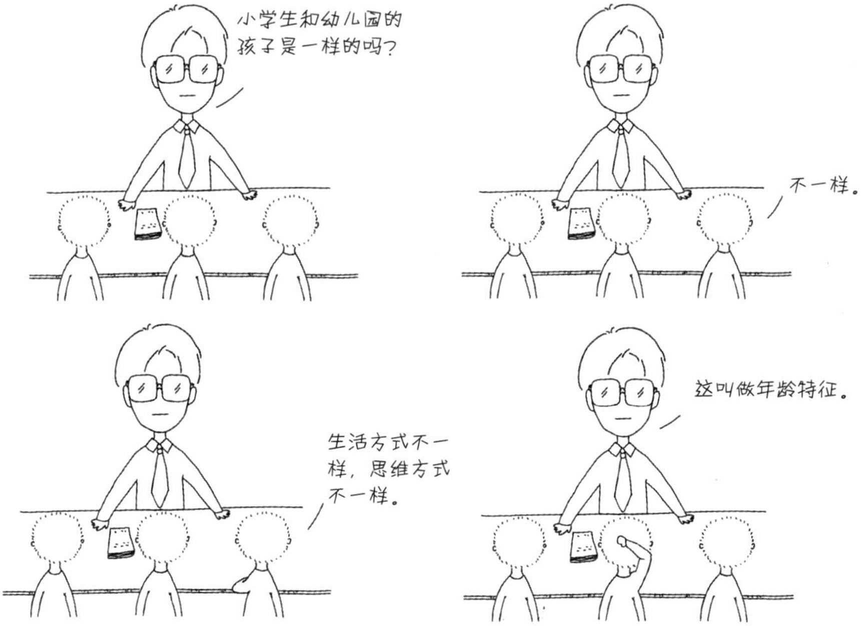

1. 年龄特征的划分标准

典型划分标准

- 以生理发展作为划分标准
  代表人物：柏曼（L.Berman），以内分泌腺作为分期标准
- 以智力发展作为划分标准
  代表人物：皮亚杰（J.Piaget），以思维发展作为划分基础
- 以个性发展特征作为划分标准
  代表人物：艾里克森（E.H.Erikson），对人格发展进行划分
- 以活动特点作为划分标准
  代表人物：艾里康宁、达维多夫，把未成熟的心理发展按活动来划分
- 以生活事件作为划分标准

另外还有，桑代克以教育为划分阶段的着眼点，皮尔松以人寿保险为划分阶段的指标，考得以医疗门诊为划分阶段的依据等。

2. 年龄特征的研究

年龄特征的研究

- 年龄特征是心理发展的各个阶段中形成的一般特征、典型特征或本质特征
- 年龄特征相对稳定又具有可变性
- 心理发展既指心理整体的综合发展，又指各种心理现象的发展
- 发展的敏感期

第四节　发展心理学研究方法

研究方法

- 横断研究
- 纵向研究
- 聚合交叉研究
- 双生子研究

研究方法是比较难理解的部分，尤其是聚合交叉研究。要注意复习和加深理解。

一、横断研究

横断研究就是在同一时间内对某一年龄（年级）或某几个年龄（年级）的被试的心理发展水平进行测查发展的研究，属于横断研究。横断研究，简单地理解，就是在同一时间研究一批或几批被试。

优点：可同时研究较大样本，可在较短时间内收集大量数据资料，成本低，费用少，省时省力。因此，目前大多数发展心理学的研究都常采用横断研究方法。

缺点：缺乏系统连续性，难以确定因果关系，取样程序也较复杂。

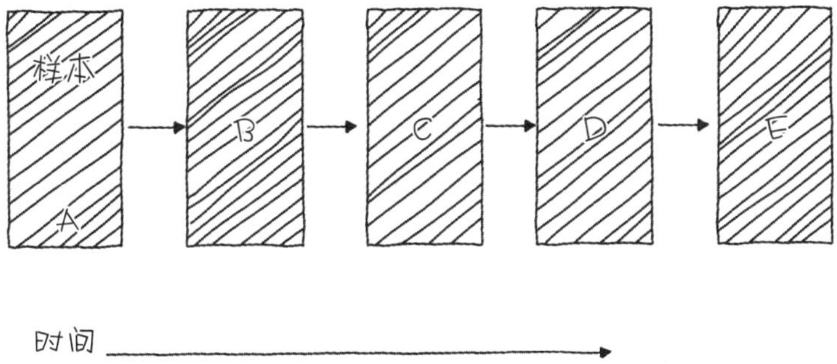

横断研究设计图解

二、纵向研究

纵向研究就是在比较长的时间内，对儿童的心理发展进行有系统的定期的研究，也叫做追踪研究。发展心理学运用纵向研究，即追踪方法，是发展心理学在研究方法上的一个特色。纵向研究要求在所研究的发展时期内反复观察和测量同一组个体。纵向研究，简单地理解，就是连续很长时间对同一批或几批被试进行追踪研究。

优点：能系统地、详尽地了解心理发展的连续过程和量变质变的规律。

缺点：第一，样本减少。随研究时间的延续，部分被试可能会因各种原因而失掉。第二，反复测量。这可能影响被试的发展，影响被试的情绪，从而影响到某些数据的可靠性。第三，时间较长。长期追踪要经历时代、社会、环境的变化，这通常会造成变量的增多。因此，相对而言纵向研究被使用得并不是很多。

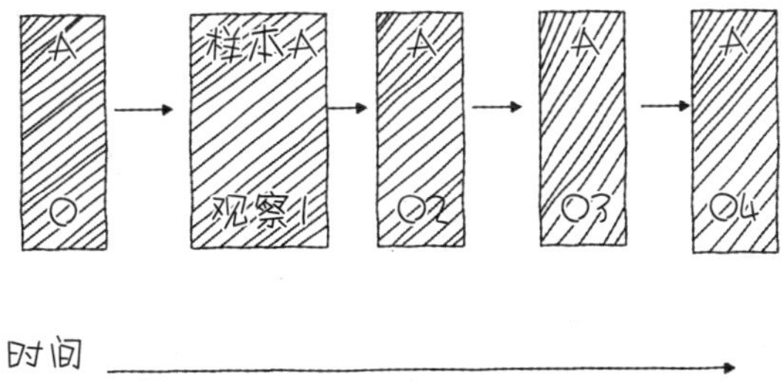

纵向研究设计图解

三、聚合交叉研究

聚合交叉研究既克服了纵向研究的缺陷，又保持了横断研究的许多长处，因而其科学性、适用性很强，目前在发展心理学的研究中日益受到重视和广泛应用。聚合交叉研究，就是把横断研究和纵向研究综合起来使用。

这种设计既可以在短期内了解各年龄阶段儿童心理特点的总体状况，又可以从纵向发展的角度认识儿童心理特征随年龄增长而出现的变化和发展，还可以探讨社会历史因素对儿童心理发展产生的影响。

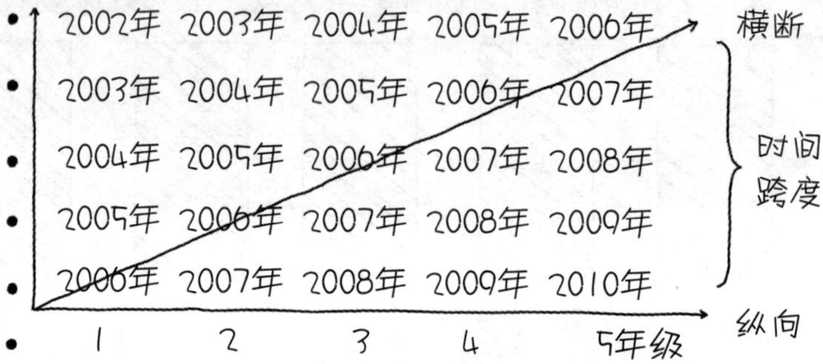

聚合交叉研究设计图解

四、双生子研究

双生子研究有点难实施啊。

双生子研究方法，是考察遗传与环境这两个因素对人的心理与行为影响大小和如何影响的一种重要方法。主要是对同卵双生子与异卵双生子或普通兄弟姐妹进行比较。

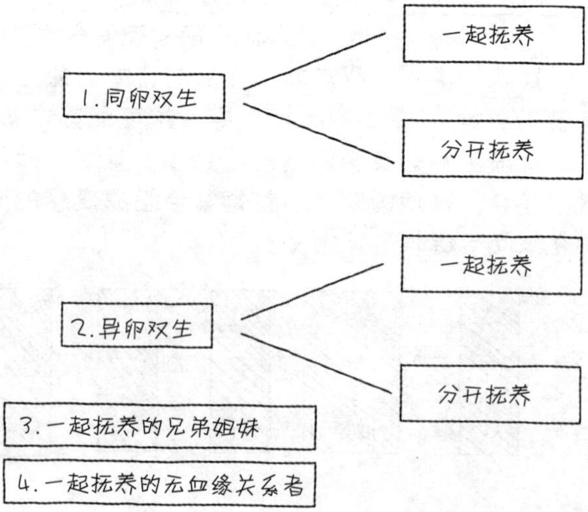

双生子研究方法非常好，但是在现实中较难实施，因为涉及伦理和道德问题，不可能因为做研究而把双胞胎分开抚养，哪个父母也不会愿意，这是不道德的。

沃老师的导师林崇德教授曾经在“文革”期间做过双生子研究，当时因为政治原因，不少双生子被分开抚养，结果表明，遗传对人的心理发展有作用，但是不能说明遗传与环境的影响谁大谁小。

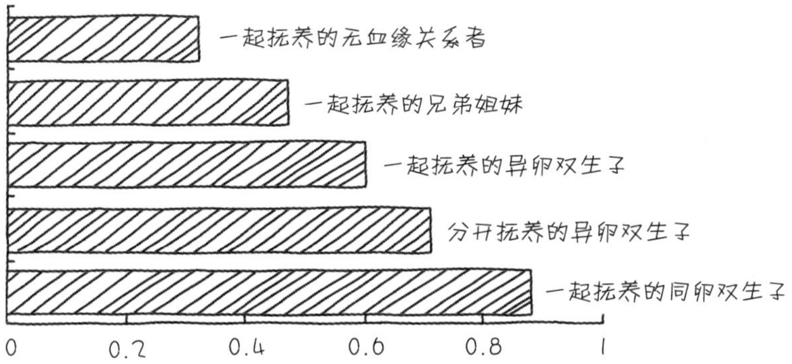

使用双生子研究方法得到的智商相关度

同卵双生子是由同一个受精卵分裂而成的两个胚胎各自发育成的两个个体，两者具有几乎完全相同的遗传特性。因此，同卵双生子所表现出来的心理与行为上的相似性，可以看成是遗传对发展所起的作用；同时也可以把同卵双生子心理与行为发展的差异归因于环境因素。

而异卵双生子之间与普通兄弟姐妹一样，只有50%的共同基因，因此异卵双生子之间的发展差异与普通兄弟姐妹之间的发展差异应无很大差别。

人的体征、某些心理行为以及人格的某些方面都存在着遗传效应，在对同卵和异卵双生子就情绪稳定性、活动性、社会性三种人格特质进行的研究中发现，同卵双生子之间的相关均显著高于异卵双生子之间的相关。

课后补充：

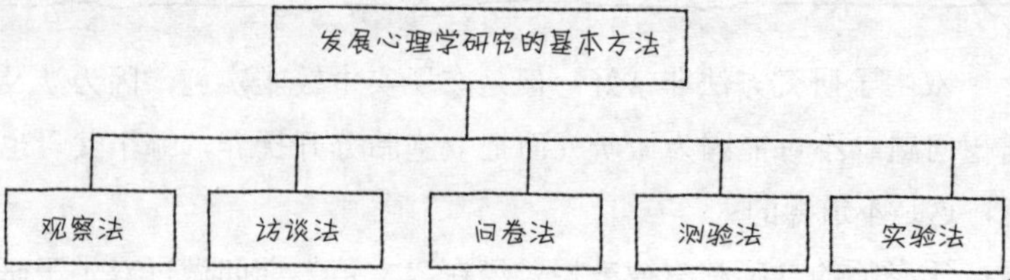

▨ 观察法

定义：观察法是研究者通过感官或一定的仪器设备，有目的、有计划地观察儿童的心理和行为表现，并由此分析儿童心理发展的特征和规律的一种方法。

应用观察法要注意的问题：①对所要观察的问题要有基本的了解，观察目的要明确；②尽量使观察对象自然放松，处于正常活动状态之中，不要使他们意识到自己已成为观察者的研究对象；③善于记录与观察目的有关的事实，便于事后进行整理；④观察者除了观察儿童一般言行之外，还应分析观察对象的其他一切有关材料。

观察法的优点：可以在观察对象行为发生的当时，现场进行观察、记录，能够收集到比口头报告或问卷调查更客观、全面、准确的资料。

观察法的缺点：观察资料的质量受到观察者本人的能力水平、心理因素的影响，而且观察法的运用往往需要花费较大的人力、物力和较多的时间。

▨ 访谈法

定义：访谈法是研究者通过与儿童进行口头交谈，了解和收集他们的有关心理特征和行为的数据资料的一种研究方法。

使用访谈法要注意的问题：①访谈前要充分熟悉访谈的内容，尽可能了解儿童的背景情况，选择好访谈的时间和地点，带齐资料；②访谈开始时应提一些非研究性的问题，以帮助建立信赖感；③访谈者要掌握交谈的艺术，尽量做到轻松自如，不要紧张生硬；④访谈成功的关键是把握谈话的方向；⑤访谈的记录可以是现场少记、事后多记，也可以边记录、边交谈、边观察。

访谈法的优点：能有针对性地收集研究数据，适用于一切具有口头表达能力的不同文化程度的访谈对象，具有较高的有效率。

访谈法的缺点：访谈结果的准确性受到访谈者自身素质的影响较大，而且费时费力，访谈所得资料也不易量化；访谈效果也受到环境、时间和访谈对象特点的限制。

▨ 问卷法

定义：问卷法是指研究者用统一、严格设计的问卷来收集儿童心理和行为的数据资料的一种研究方法。

使用问卷法要注意的问题：①问卷中试题的数量不宜太多；②问卷中试题的内容应是儿童熟悉的；③大规模的问卷研究必须在预测的基础上进行；④问卷法的形式应以封闭式为主、开放式为辅；⑤问卷法选取被试的数量不能正好等于研究对象；⑥研究者应注意儿童可能因为某些思想上的顾虑，不是出于真实情况，而是根据社会的赞许性来填写。

问卷法的优点：内容客观、统一，处理分析简洁方便，节省了人力物力，取样可以较大；匿名性较强，回答真实。

问卷法的缺点：对被试的言语发展水平有一定要求，不适用于年龄较小被试；被试的回答带有一定的主观性。

▨ 测验法

定义：测验法是指通过测验量表来研究儿童心理发展规律的一种方法，也就是采用标准化的题目，按照规定程序，通过测量的方法来收集资料。

使用测验法要注意的问题：①做好测查前的准备工作；②选择适宜的测验环境；③严格按照标准化的指导语和标准时限进行测验；④努力与被试建立良好的关系，取得被试的合作；⑤根据被试的特点选择合适的测验方法。

测验法的优点：测验量表的编制十分严谨，结果处理方便；量表有现成的常模，可以直接进行对比研究；量表的种类也较多，可以适应不同研究目的的需要。

测验法的缺点：使用起来灵活性差，对主试的要求较高，结果难以进行定性分析；被试的成绩也可能受练习、测验经验的影响等。

▨ 实验法

定义：实验法是指对研究的某些变量进行操纵和控制，创设一定的情境，以探讨儿童心理发展的原因和规律的研究方法。分为实验室实验和现场实验两种。

使用实验法要注意的问题：①实验目的、材料和方法都应该与教育的原则相适应，有助于儿童身心的发展；②儿童心理实验室的布置应尽量接近儿童的日常生活、学习环境，使儿童在实验室条件下表现自然；③实验进行中应考虑到儿童的生理状态和情绪背景，努力使儿童保持积极的情绪状态。

实验室实验的优点和缺点：实验室实验能够严格控制和操纵变量，揭示变量间的因果关系。但正是由于实验室研究能精密地控制实验条件，就使它与儿童实际生活相脱离，因此导致实验结果具有一定的局限性；而且，实验室研究很难用于研究一些复杂的心理现象。

现场实验的优点和缺点：现场实验的优点在于既能尽量控制各种变量，又能保持现场的自然性，因而能较好地保证研究同时具有较高的内部效度和外部效度。但是因为接近自然，自然环境的复杂性也给现场实验的实施带来了困难；而且现场实验费时费力，费用高，所需技能也复杂。

第五节　发展心理学的历史

发展心理学的研究有一个发展的历史过程。

一、近代西方儿童心理学产生的历史原因

（一）科学儿童心理学的诞生

普莱尔（William Thierry. Preyer）是科学儿童心理学的奠基人，原因在于《儿童心理》问世的时间、目的、内容、方法和手段以及影响。

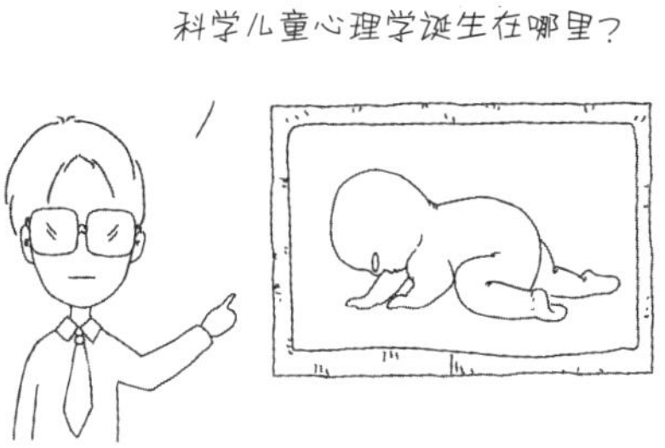

儿童心理
- 儿童感知的发展
- 儿童意志（或动作）的发展
- 儿童理智（或言语）的发展

阅读推荐：抽空看看叶浩生老师的《西方心理学的历史和体系》等书，会对知识拓展有帮助。

课后补充：

时间	《儿童心理》（第一版）一书于1882年出版，是儿童心理研究一类著作中较早出版的一本。
目的与内容	为了研究儿童心理的特点，对儿童的体质发育和心理发展分别加以专门的研究。
方法与手段	普莱尔对自己孩子从出生起直到3岁不仅每天做系统的观察，而且也进行心理实验，这些方法包括有反应时间、心理程序和内省法等。
影响	《儿童心理》一经问世，立刻就受到国际心理学界的重视，各国心理学家都把它看成儿童心理学的最早的经典著作，并先后被翻译成十几种文字，儿童心理学研究也随之蓬勃发展起来。

心理学的真正源头是在中国，中国的文化说明了这一点。在两千多年前就已经有了。

沃老师在研究心理学的过程中，在向外国人学习的过程中，突然发现中国的心理学底蕴实在是太深厚了。比如全世界闻名的《孙子兵法》，它被译成一百多种文字，流传到世界各地。但是《孙子兵法》还不是最早的，老子的《道德经》比它还早。老子的《道德经》也不是最早的，最早的一本书叫《易经》。看《易经》时不要看如何算命，而是要看它的内涵，理解它的结构以及提出的理论框架，理解它对人的心理的剖析。后面所有的大家如孔孟之道、道家、儒家、法家、墨家等，都是建立在这个源头的基础之上的。《易经》的源头和萌芽在商朝就已经有了。一直以来，我们都在拼命地向西方学习心理学，西方应用的方法最简单，它是在“点”上解决问题，也就是应用试验的方法来解决。而中国的心理学一直停留在哲学层面，没有用实验方法来证明，所以人们习惯上认为心理学的源头在西方，事实上不是。不管是出于想了解一下而学习心理学，还是打算考研究生，都要知道中国心理学的渊源和历史。

（二）儿童心理学的演变

儿童心理学在诞生以后，不断地发展，具体有这么几个典型阶段。

1. 1882年至第一次世界大战，是西方心理学形成时期。继普莱尔之后，重要的儿童心理学家有美国的霍尔、鲍德温(James Mark Baldwin)、杜威（John.Dewey）、卡特尔（Raymond Bernard Cattell），法国的比纳和德国的施太伦（William Stern）等。

2. 两次世界大战期间，是西方儿童心理学的分化和发展时期。各派儿童心理学家都出现了，比如瑞士的皮亚杰、美国的格赛尔（Arnold Lucius Gesell）、奥地利的彪勒夫妇(K. Bühle & C. Bühler)、法国的瓦龙（Henri Paul Hyacinthe Wallon）等。

3. 第二次世界大战期间，是西方儿童心理学的演变和增新时期。

二、从儿童发展到个体毕生全程发展的研究

儿童发展，要延伸到毕生发展，叫毕生发展研究。原来的儿童心理发

展是从0岁到18岁，后来发展心理学拓展到了一生，其中有几位人物有重要贡献：霍尔将儿童心理学研究的年龄范围扩大到青春期，同时也是最早正式研究老年心理的心理学家。精神分析学派荣格是最早对成年期心理开展发展理论研究的心理学家。而艾里克森在荣格研究的基础之上，将精神分析创始人弗洛伊德的年龄阶段划分到青春期，扩充到老年期。

比较弗洛伊德与艾里克森理论的相同点与不同点。

本章总结

主要内容

发展心理学的研究对象、研究任务、主要研究方法、研究历史。

重点

发展心理学的主要研究方法、研究历史。

难点

发展心理学的主要研究方法。

练习题

一、发展心理学的研究对象是什么？

二、简要比较横断研究、纵向研究和聚合交叉研究的优缺点。

三、试述发展心理学的研究任务。

沃老师说：我们每个人都有很多坏习惯，比如抽烟，比如酗酒，比如熬夜。明知道改变了有好处，可就是难以改变，因为我们习惯了找借口："我都抽了十几年的烟了，怎么改？"、"我每天早上就是无法早起那几分钟，太难受了。"其实，"一个习惯的养成，都是从不习惯开始的"。我们哪个习惯是从娘胎里带来的呢？

第二章 心理发展的基本理论

重点掌握心理发展的基本理论以及各理论的代表人物和主要观点，比较各学派观点的差异，了解心理发展的基本问题。发展心理学理论是发展心理学知识中的重点，同时也是难点。

本章知识结构：

- 发展心理学的基本理论
  - 精神分析理论的心理发展观
    - 弗洛伊德的发展心理学理论
    - 艾里克森的心理发展观
  - 行为主义的心理发展观
    - 华生的发展心理学理论
    - 斯金纳的发展心理学理论
    - 班杜拉的发展心理学理论
  - 维果斯基的文化—历史发展理论
  - 皮亚杰的认知发展理论
    - 皮亚杰的心理发展观
    - 新皮亚杰主义
  - 生态系统理论

在发展心理学这个百花园中，我们可以看到各色各样的学术观点和研究力量，我们学习和研究发展心理学，就必须重视学习和研究发展心理学的各派观点和各派理论。

学习有五大步骤：

第一，初步了解；

第二，不断重复（重复是学习之母）；

第三，开始使用（要每天演练）；

第四，融会贯通；

第五，再次加强。

每一个理论要掌握以下几点：

☆代表人物；

☆基本观点；

☆采用的研究方法；

☆优缺点；

☆影响力及应用。

然后对比各个理论。

第一节　精神分析的心理发展观

精神分析是西方现代心理学的主要流派之一。因为创始人是弗洛伊德（Sigmund Freud, 1856—1939），所以，精神分析理论又叫弗洛伊德主义，它包括古典弗洛伊德主义和新弗洛伊德主义。在发展心理学方面有代表性观点的是弗洛伊德和艾里克森的心理学观。

弗洛伊德是奥地利的精神病医生和心理学家，精神分析学派的创始人。他根据对病态人格进行的研究提出了人格及其发展理论。这种理论的核心思想是提出存在于潜意识中的性本能是人的心理的基本动力，是决定个人和社会发展的永恒力量。

一、弗洛伊德的发展心理学理论

（一）弗洛伊德的人格理论及人格发展观

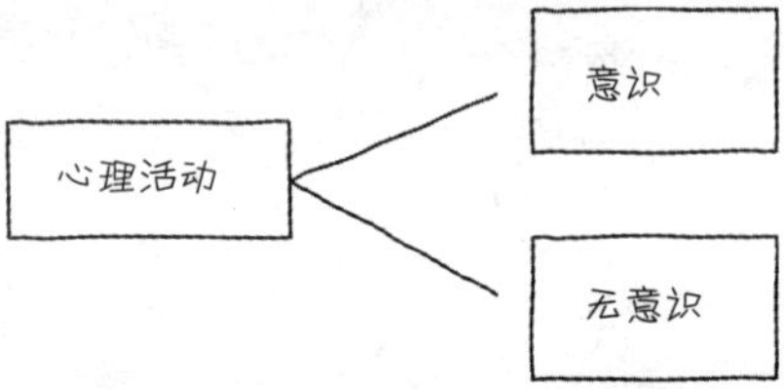

弗洛伊德很厉害很伟大，他把人的心理活动分为两部分，一部分是意识的部分，另一部分是无意识的部分，也即潜意识的部分。

从意识和无意识的角度分析人类的心理活动，这在普通心理学中会重点讲到，也会讲到其他多种心理学理论之间的区别和差异。

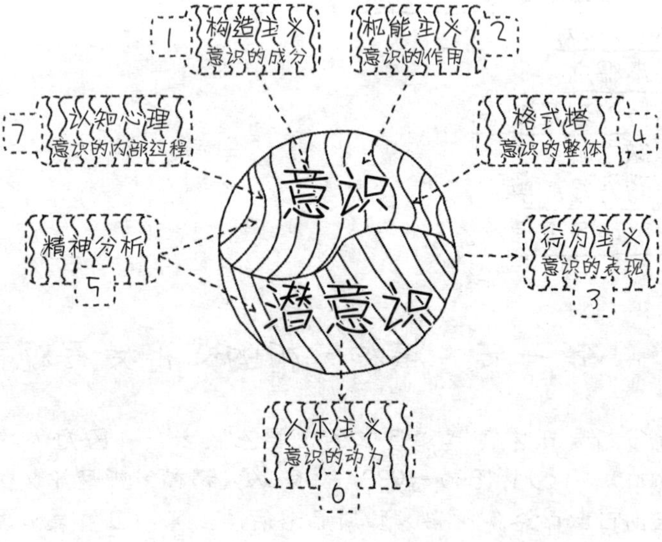

心理结构

△本我：原始的、本能的，且在人格中最难接近（包括本能的性的内驱力和被压抑的习惯倾向）。

△自我：是意识结构部分，既是从本我中发展出来，又是本我和外部世界之间的中介。

△超我
- 良心：超我的惩罚性的、消极性的和批判性的。
- 自我理想：积极的雄心、理想。

弗洛伊德认为，本我类似于早期的无意识概念，是原始的、本能的且在人格当中是最难接近的部分，同时又是最强有力的部分。他认为在心理发展时期，年龄越小，本我的作用越明显。

自我是一个意识结构，自我遵循的是一个现实原则，既从本我出发，又是本我与外部环境的中介过程。弗洛伊德认为自我和本我的关系如同骑士与马的关系。

超我包括两个部分：良心和自我理想。弗洛伊德认为超我代表了道德标准和人类生活的高级水平，超我和自我是人格的控制系统，但自我控制是本我的盲目激情与保护机体免受伤害。

弗洛伊德认为，本我是追求快乐原则，自我是追求现实原则，超我是追求理想原则。

虽然弗洛伊德的心理发展理论一直颇受争议，但是并不影响他成为最伟大的心理学家之一。

（二）弗洛伊德的心理发展阶段说

弗洛伊德把性本能的心理力量称为“力比多”。心理性欲发展阶段的理论是弗洛伊德关于心理发展的主要理论。

弗洛伊德把儿童心理发展阶段分为五个时期：

1. 口唇期（0–1岁）

0–6个月：无对象阶段。儿童的世界是无对象的，意识不到其他人对于他是分离而存在的。

6个月以后：开始发展关于他人的概念。

弗洛伊德认为力比多的发展是从嘴开始的，吸吮也能产生快感。每个人都经历口唇期，流露出较早阶段的快感和偏见，往后的发展阶段直至成人，出现的吸吮或咬东西（例如咬铅笔头）的快感，或者抽烟、喝酒的快感，都是口唇期快感的发展。

弗洛伊德的有些观点确实有点牵强。

2. 肛门期（1—3岁）

1—3岁孩子的性兴趣集中在肛门区域，比如在大便时会刺激肛门区域的黏膜，从而产生愉快感觉，所以孩子往往以排泄为乐，或以玩弄粪便为乐。

3. 前生殖器期（3—6岁）

过渡到性的发展，出现恋母情结。

弗洛伊德认为，儿童从3岁起，其性生活类同于成人的性生活。不过，3岁以后所谓的“性生活”主要指男孩的恋母情结以及女孩的恋父情结。到了这个阶段，儿童变得依恋于父母中异性的那一方。这一早期的亲子依恋，被弗洛伊德称为“俄底普斯情结”，也就是常说的恋母情结。

4. 潜伏期（6—11岁）

性的发展停顿或退化，对外界环境表现出兴趣。

弗洛伊德认为，儿童进入潜伏期，性的发展呈现出停滞的现象。口唇期、肛门期的感觉，前生殖期的恋母情结的各种记忆都逐渐遗忘，被压抑的性感觉一扫而光。因此，潜伏期是个相对平静的时期。

5. 青春期（11岁—成年）

经过暂时的潜伏期，青春期的风暴就开始了，从年龄上来说，女孩约从11岁，男孩约从13岁进入青春期。

青春期的发展，个体最重要的任务是从父母那里摆脱自己，同时在青春期容易产生性的冲动，而且容易产生对成年人的抵抗。

在这五个阶段里，主要是以人格作为划分标准，但是具体是以什么样的表现方式进行划分的？是人的什么活动还是性？弗洛伊德的解释很极端，也很有意思，代表了一部分的科学依据。

大家在学习的时候，一定要掌握每个阶段的特点是什么，以及按照弗洛伊德的观点，如果这个阶段没有顺利通过，后果是什么。比如，在0—1岁的口唇器，如果没有过好，孩子长大后可能会抽烟、酗酒。肛门期没有过好，长大后会有洁癖，特别爱清洁。

这是弗洛伊德的理论，他的理论的影响体现在哪里？可以说涉及各个领域。前段时间，有部电影叫《盗梦空间》，看完以后你们就知道弗洛伊德提出的理论——意识和无意识了。他的理论对文化、文艺等各个领域都有影响。今天我们在心理咨询和治疗中，还在继续使用他的方法。而且其中一种方法是由弗洛伊德的方法延伸出来的——催眠方法。把个体的心理发展归结为性的力量，综合来说，是有失偏颇的。但是我们对弗洛伊德的评价，不能只站在现在的角度批评他的泛性论，而应站在当时的社会背景下去讨论。当时弗洛伊德所处的时代，社会禁欲非常严重，人的性欲是受到压制的，这可能是导致患有心理疾病者性本能凸显的重要因素。另一方面，弗洛伊德当时的研究对象——精神病患者，其潜意识里的确充满着各种原始的欲望，尤其是性本能。

相对于其他心理学理论，精神分析学派更加重视对异常行为的分析，并且强调心理学应该研究无意识现象。精神分析学说认为，人类的一切个体和社会的行为，都根源于心灵深处的某种欲望或动机，特别是性欲的冲动。欲望以无意识的形式支配人，并且表现在人的正常和异常的行为中。欲望或动机受到压抑，是导致神经病的重要原因。所谓精神分析是指一种临床技术，它是通过释梦和自由联想等方法，发现病人潜在的动机，使精神宣泄，从而达到治疗疾病的目的。

精神分析学派重视对动机的研究和对无意识现象的研究，这是他们的贡献。但是过分强调无意识的作用，并且把它与意识的作用对立起来；而且，早期理论具有泛性欲主义的特点，把性欲夸大为支配人类一切行为的动机。这是错误的。

二、艾里克森的心理发展观

艾里克森（E.H.Erikson），美国著名精神病医师，旧精神分析派的代表人物。他继承了弗洛伊德的一些基本观点，同时对弗洛伊德的观点进行了修改。艾里克森的心理发展观既考虑到生物学的作用，又考虑到社会、文化的作用，他认为人格发展过程当中逐渐成熟的自我阶段是在个体和周围环境相互作用过程中主导和整合的作用，因此个体成长都普遍体会了生物的、生理的、社会的、世界的发展阶段。

艾里克森提出了心理发展的八个阶段：

1. 婴儿期，从出生到2岁

发展任务是满足生理需要，发展信任感，克服不信任感，体验希望的实现。

婴儿从生理需要的满足中，体验着身体的健康，感到了安全，于是对其周围环境产生了信任感；反之，婴儿便对周围环境产生不信任感，也就是怀疑感。

2. 儿童早期，约从2岁到4岁

发展任务是获得自主感，克服羞愧感和疑惑感，体现意志的实现。

这时幼儿除了养成适宜的大小便习惯之外，已经不满足于停留在狭窄的空间之内，而是渴望着探索新的世界。

3. 学前期或游戏期，从4岁到7岁

发展任务是获得主动感，克服内疚感，体现目的性的实现。

这个阶段，艾里克森和弗洛伊德有一点看法不同。弗洛伊德认为这个时期是产生恋父情结和恋母情结的时候。但是艾里克森认为儿童虽然对自己的异性父母产生了罗曼蒂克的爱慕之情，但能从现实关系中逐渐认识到这种情绪的不现实性，遂产生对同性的自居作用，逐渐从异性同伴中找到代替异性父母的对象，从而使得恋父或恋母情结在发展中解决。

4. 学龄期，从7岁到12岁

发展任务是获得勤奋感，克服自卑感，体现能力的发展。

学龄期儿童的社会活动范围扩大了，儿童依赖重心已经由家庭转移到学校、教室、少年组织等社会机构方面。艾里克森认为，许多人将来对学习和工作的态度和习惯都可能渊源于本阶段的勤奋感。

5. 青年期，从12岁到18岁

发展任务是建立同一感，防止同一感的混乱。

艾里克森在这一阶段提出了“合法延缓期”的概念。他认为这时的青年继承儿童期之后，自觉没有能力持久地承担义务，感到要做出的决断未免太多太快。因此，在做出最后决断以前要进入一种“暂停”的时期，用以千方百计地延缓承担义务，以避免同一性提前完结的内心需要。

同一感（也即同一性），是指个体在寻求自我的发展中，对自我的确认和对有关自我发展的一些重大问题，如理想、职业、价值观、人生观等的思考和选择。在这一过程中必然要涉及个体的过去、现在和将来这一发展的时间维度。同一感的确立意味着个体对自身有充分的了解，能够将自我的过去、现在和将来整合成一个有机的整体，确立自己的理想与价值观念，并对未来的发展做出自己的思考。

6. 成年早期，从18岁到25岁

发展任务是获得亲密感以避免孤独感，体验爱情的实现。

这时青年男女已经具备了足够的能力并自愿准备着去分担相互信任、工作调节、生儿育女和文化娱乐等生活，以期最充分而满意地进入社会。

艾里克森认为，发展亲密感对是否能满意地进入社会有重要作用。

7. 成年中期，约至50岁

发展任务是获得繁殖感而避免停滞感，体验关怀的实现。

这个时期的男女基本上已建立家庭，他们的兴趣扩展到下一代。这里的繁殖不仅指个人的生殖力，主要是指关心建立和指导下一代成长的需要。缺乏这种经验的人会倒退到一种假亲密的需要，沉浸于自己的天地之中，一心专注自己而产生停滞感。

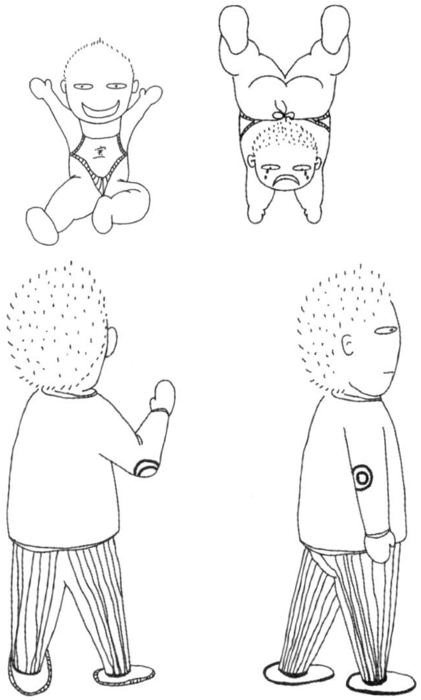

8. 老年期（成年晚期），直至死亡

发展任务是获得完善感，避免失望和厌倦感，体验智慧的实现。

这时人生进入了最后阶段，如果对自己的一生周期获得了最充分的肯定，则产生一种完善感，这种完善感包括一种长期锻炼出来的智慧感和人生哲学，伸延到自己的生命周期以外，与新的一代的生命周期融合而为一体的感觉。一个人达不到这种感觉，就不免恐惧死亡，觉得人生短促，对人生感到厌倦和失望。

比较弗洛伊德与艾里克森的心理发展观的异同：

艾里克森的前五个阶段与弗洛伊德的五个阶段相对应，后三个阶段则是艾里克森的独创。艾里克森的发展渐成说有着自己的特色而不同于别人，可以说他的发展过程不仅具有纵向性，也具有多维性。

（1）弗洛伊德认为，人格是由本我、自我和超我组成的，三者相互联系、相互制约，它们之间的关系决定着个人人格的基本面貌。人格发展的基本动力是本能，人格的发展就是性（心理性欲）的发展。儿童人格发展分为口唇期（0－1岁）、肛门期（1－3岁）、性器期（3－6岁）、潜伏期（6－11岁）和青春期（11岁－成年）五个阶段。

（2）艾里克森接受了弗洛伊德理论的基本框架，但更强调自我的作用，认为人格是生物、心理和社会三方面因素组成的统一体，个体人格发展要经过一系列的阶段，每个阶段都有其特定的目标、任务和冲突。各个阶段互相依存，后一阶段发展任务的完成依赖于早期冲突的解决。人的心理发展分为八个阶段：阶段一（0－2岁），信任对怀疑；阶段二（2－4岁），自主对羞怯；阶段三（4－7岁），主动对内疚；阶段四（7－12岁），勤奋对自卑；阶段五（12－18岁），同一性对角色混乱；阶段六（成年初期），亲密对孤独；阶段七（成人中期），繁殖对停滞；阶段八（成年晚期），完美对绝望。

（3）区别和联系。

区别：弗洛伊德强调本能的作用，将人格发展局限于母亲－儿童－父亲这个狭隘的三角关系中，特别强调早期经验在人格形成中的作用；艾里克森则更强调自我的作用，将个体发展置于更广阔的社会背景上，重视社会文化对人格发展的影响，认为人格发展是一个渐成的过程。弗洛伊德对人格发展阶段的划分到青春期为止，而艾里克森则将人格发展阶段扩展到了人的一生。

联系：艾里克森的发展理论是对弗洛伊德的发展理论的继承、扩展和修正。

第二节　行为主义的心理发展观

行为主义是由美国心理学家华生创造的，华生在发展心理问题上的一个突出特点是环境决定论。

华生（J.B.Watson,1878－1958），美国心理学家，行为主义心理学的创建人。他的行为主义又被称作“S－R”心理学，即刺激一反应心理学。1878年华生出生于南卡罗来纳州的格林维尔，在孩提时代，他就显示出了日后成名立业所需具备的两个特点：喜欢攻击，又富有建设性。

一、华生的发展心理学理论

华生是行为主义的代表人物，他认为心理本质是行为。他认为人大脑里的活动是看不见摸不着的，就像一个大黑箱一样，无法观察，无法量化，我们只能依靠推测。但是所有人的心理，都是通过外在的行为表现出来，而行为是可以观察、可以量化的，所以只要研究人的行为就可以了。比如，我说一句话，你就会有反应，这个反应就是行为，就可以进行观察了。华生认为心理学不要研究看不见的东西，只要研究看得见的东西就可以。

华生把心理、意识归结为行为。各种心理现象也只是行为的组成因素或方面，而且是可以用客观的刺激（S）一反应（R）术语来论证的。其中包括作为高级心理活动的思维。但是他忽视了环境的作用。

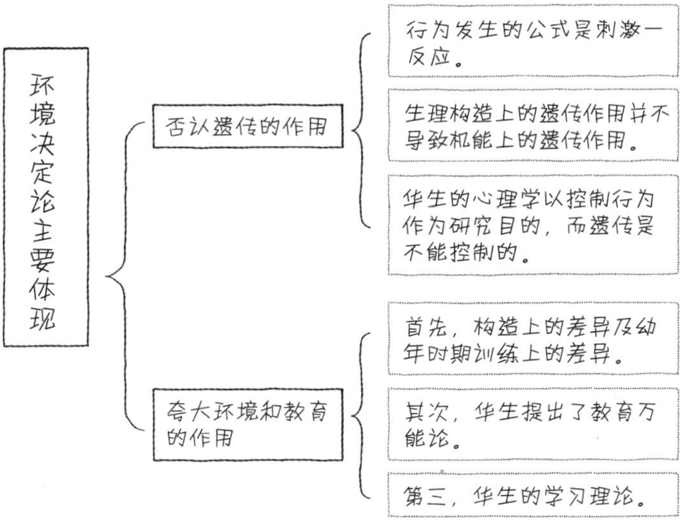

华生在发展

心理问题上突出的观点是环境决定论。这种环境决定论主要体现在以下几个方面。

从意识的角度，华生研究的是意识的外在表现。

否认遗传的作用：

否认行为的遗传是华生的环境决定论的基本要点之一。华生明确地指出："在心理学中再不需要本能的概念了。"华生为什么要否认行为的遗传的作用？其理由有三个方面：首先，行为发生的公式是刺激－反应。从刺激可预测反应，从反应可预测刺激。行为的反应是由刺激所引起的，刺激来自于客观而不是决定于遗传，因此，行为不可能取决于遗传。其次，生理构造上的遗传作用并不导致机能上的遗传作用。华生承认机体在构造上的差异来自遗传，但他认为，构造上的遗传并不能证明机能上的遗传。由遗传而来的构造，其未来的形式如何，要决定于所处的环境。第三，华生的心理学以控制行为作为研究目的，而遗传是不能控制的，所以遗传的作用越小，控制行为的可能性则越大。因此，华生否认了行为的遗传作用。

夸大环境和教育的作用：

华生从刺激－反应的公式出发，认为环境和教育是行为发展的唯一条件。

首先，华生提出了一个重要的论断，即构造上的差异及幼年时期训练上的差异足以说明后来行为上的差异。

其次，华生提出了教育万能论。华生从行为主义的控制行为的目的出发，提出了他的一个闻名于世的论断：

"请给我十几个强健而没有缺陷的婴儿，让我放在我自己之特殊的世界中教养，那么，我可以担保，在这十几个婴儿中，我随便拿一个来，都可以将其训练成为专家，无论他的能力、嗜好、趋向、才能、职业及种族怎样，我都能够任意训练他成为一个医生，或一个律师，或一个艺术家，或一个商界首领，或将他训练成一个乞丐或窃贼。"

最后，华生提出学习理论。华生的学习观点的基础是条件反射。他认为条件反射是整个习得所形成的单位。学习的决定条件是外部刺激，外部刺激是可以控制的，所以不管多么复杂的行为，都可以通过控制外部刺激而形成。学习规律完全适合于行为主义预测和控制行为的目的，所以华生十分重视学习。华生的学习观点为其教育万能论提供了论证。

华生的另一项重要贡献是对儿童情绪的研究。他认为人的情绪也是后天习得的。他在研究恐惧情绪时是怎么做的呢？

实验中这个叫阿尔伯特的可怜的孩子，据说后来还没有做恐惧消除实验就被带走了，以后的生活不得而知，但这件事对他的影响是可以想象的。

这个实验是心理学发展史上被公认为不人道的一个例子，很明显，在这个实验中华生要的只是验证他的观点，根本就没有考虑到这个实验会给小阿尔伯特以后的成长历程带来多大的影响，这种不负责任的态度可能也是华生童年不和谐、不幸福的家庭生活对成年后的影响。

这个研究虽然很不道德，却证实了人类恐惧情绪的形成。除了恐惧，华生还对嫉妒、羞耻等作为行为来进行研究。

这是他的贡献。他的局限性在哪里呢？有两点。在发展心理学争论的四个问题中，关于遗传和环境的问题强调环境的作用，否认遗传的作用；在“人是主动的还是被动的”问题上，他认为人是被动的。从积极的角度说，华生的行为主义理论对于我们现在的行为治疗和咨询非常有用。

华生对心理发展的研究，主要兴趣是在情绪发展的课题上。情绪发展的课题分为两种，重点是研究儿童的三种非习得性，即在非学习性的情绪反应基础上形成的条件反射；同时，他也重视儿童嫉妒和羞耻的情绪行为研究。

华生有关儿童情绪的观点，特别是对儿童的怕、怒、爱的分析，主要来自他对情绪发展所进行的一系列实验研究。这些实验研究在心理学史上被誉为“经典实验”之一。这也是华生在发展心理学建设上的一个开创性的贡献。

心理学中有些实验是无法用人来直接做的，只能采取间接形式，这给心理学研究带来了极大的困难，但是没办法，只能这样。

二、斯金纳的发展心理学理论

行为主义的另一位代表人物是斯金纳。

斯金纳（B.F.Skinner，1904—1990）是行为主义学派最负盛名的代表人物——被称为“彻底的行为主义者”，也是世界心理学史上最为著名的心理学家之一，直到今天，他的思想在心理学研究、教育和心理治疗中仍然被广泛应用。

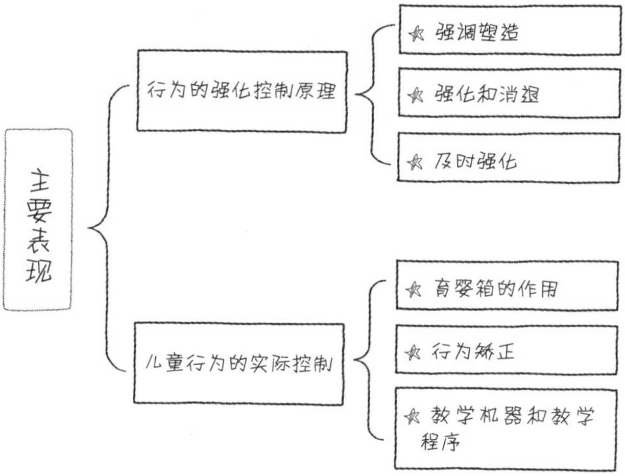

（一）行为的强化控制原理

斯金纳的操作性条件反射强调塑造、强化与消退、及时强化等原则。

首先，在斯金纳看来，强化作用是塑造行为的基础。他认为，只要了解强化效应和操纵好强化技术，就能控制行为反应，就能随意塑造出一个教育者所期望的儿童的行为。儿童偶尔做了什么动作而得到了教育者的强化，这个动作后来出现的概率就会大于其他动作，强化的次数加多，概率随之加大，这便导致了人的操作行为的建立。行为是由伴随它的强化刺激所控制的。

其次，强化在行为发展过程中起着重要的作用，行为不强化就会消退，即得不到强化的行为是易于消退的。依照斯金纳的看法，儿童所以要做某事“就是想得到成人的注意”。要使儿童的行为消退，如长时间的啼哭、发脾气等，可在这些行为发生的时候不予理睬，排除对他的注意，结果孩子就会不哭不闹了。在儿童的眼中，是否多次得到外部刺激的强化，是他衡量自己的行为是否妥当的唯一标准，练习的多少本身不会影响到行为反应的速率。练习在儿童行为形成中之所以重要，是因为提供了重复强化的机会。只练习不强化不会巩固和发展起一种行为。

再次，斯金纳强调及时强化，他认为强化不及时是不利于人的行为发展的。教育者要及时强化希望在儿童身上看到的行为。

最后，依照斯金纳的观点，强化作用可分为积极强化作用和消极强化作用两类。所谓积极强化作用，是由于一种刺激的加入增进了一个操作反应发生的概率的作用，这种作用是经常性的。所谓消极强化作用，是指由于一刺激的排除而加强了某一操作反应的概率的作用。斯金纳建议以消退取代惩罚的方法，提倡强化的积极作用。

沃老师说：关于这部分内容，抽空再看看有关教育心理学的书，里面讲得较为详细。这部分对年轻家长尤其有用。

（二）儿童行为的实际控制

斯金纳重视将其理论应用于实际。在实际中对于了解儿童的心理和提高儿童教育的质量方面，做了不少贡献。

1. 育婴箱的作用

斯金纳最早发明的训练老鼠按压杠杆取食物的实验箱，被称为斯金纳箱。

当他的第一个孩子出生时，他决定做一个新的经过改进的摇篮，这就是斯金纳的育婴箱。这种机械照料婴儿的装置是斯金纳研究操作性条件反射作用的又一杰作。这种设计思想是要尽可能避免外界一切不良刺激，创造适宜儿童发展的行为环境，养育身心健康的儿童。

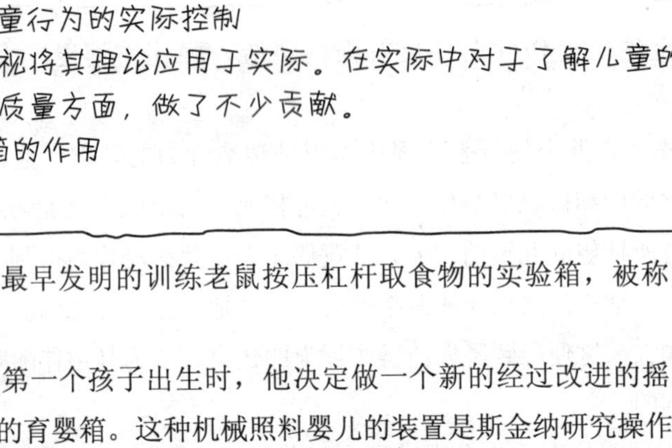

2. 行为矫正

随着斯金纳操作性行为思想体系影响的增加，大量研究工作已在行为矫正的领域中发展起来。

3. 教学机器和教学程序

行为塑造常常使教育者失去耐心，尤其是纠正不良行为、学习这类复杂的行为；在一个班级里，教育者很难照顾到每一位儿童；在教育经验中，师资水平较差的事实也普遍存在。这些问题促使斯金纳深思。在长期的研究中，斯金纳形成了学习和机器相联系的思想。

最早的辅助教学机器弥补了教育中的一些不足。实际上，机器本身远不如机器中包含的程序材料重要。程序教学有一系列的原则，例如小步子呈现信息、及时知道结果、学生主动参加学习等，这些教学进程中的耐心、促进主动学习的热情和及时反馈的速度，几乎是一般教师所不能企及的。尽管教学机器和程序教学对教师主导作用的发挥有妨碍作用，对学生的学习动机考虑较少，但斯金纳的工作还是对美国的教育产生了深刻的影响。

斯金纳在心理发展的实际控制上做了不少有价值的工作，现代认知发展心理学、20世纪70年代兴起的环境心理学、日益流行的教学辅助机、临床收效较大的新方法等，都受到了他的强化控制理论和实践的影响。

（三）应答性条件反射和操作性条件反射

斯金纳的理论体系与华生的刺激一反应心理学的不同点，在于斯金纳区分出了应答性和操作性行为。

应答性条件反射是建立在非条件反射的基础之上的，是暂时性的神经联系，建立联系的基本条件是强化过程。斯金纳的操作性条件反射又称工具性条件反射，是通过动物自己的某种活动、某种操作才能得到强化而形成的某种条件反射。它们都强调强化的作用，只是强化方式和效果不同。不同点在于：①应答性条件反射的无条件刺激物十分明确，而操作性条件反射的无条件刺激物不明确；②在应答性条件反射过程中动物往往是被动接受刺激的，而在形成操作条件反射过程中，动物是自由活动的，通过自身的主动操作来达到目的；③在应答性条件反射中，强化刺激引起非条件反应，而在操作性条件反射中，非条件反应不是由强化刺激引起的，相反，非条件反应引发了强化刺激。

（四）斯金纳研究中的不足之处

斯金纳的研究有很多有意义的成就，他的不足在哪里呢？与华生一样，只研究人的行为，不研究人的意识。事实上，人在成年以后，很多认知的改变也决定了人的行为，这是斯金纳没有注意到的。

行为是由思维活动来做决策的。我们在做决策的时候，有潜意识的成分，它会影响你的决策，这是信念和价值，有人也称之为信念体系或信念系统。如果有良好的信念体系就会有良好的思维，从而有正确的决策，产生正确的行为，再产生良好的结果。所以改变行为这个层面只是表面现象，到了成年以后，真正要改变的是你的信念和价值体系。

怪不得现在的家庭教育老是出问题，一味地要求在行为上认真学习，却没想到从孩子的信念、兴趣等出发。同样，很多恋爱中的情侣一味地要求对方要对自己怎样怎样，却没想到通过提升自己的魅力来吸引对方，让对方在信念体系里深爱自己。

很多患有心理困惑或精神疾病的人，比如抑郁症、精神分裂、强迫症的患者，到底哪里出问题了？是信念和价值体系出问题了。如果潜意识的部分不进行整合，仅仅靠行为疗法或药物控制，就是治标不治本。有一位中学生强迫症患者喜欢吃面条，但是每次吃完面条总要剩下一根，而且剩下的那一根面条必须要拉出半截儿来挂在碗外面，然后拿筷子掐断，丢到地上，再用脚狠狠踩一下。有一次，为了鉴定他的这种行为，有人亲自请他吃面，吃面过程中一直跟他说话，想让他忘了这茬。结果这孩子还真是把这事给忘了，直到把面吃完了才反应过来。最后他还是受不了，非得再要一碗面，然后揪出一根面条挂在碗外面，用筷子掐断后丢到地上，再上去狠狠踩一脚，说："好了，咱走吧！"从这个案例来看，斯金纳的行为主义固然有自己的优势，但也有不足。

三、班杜拉的发展心理学理论

（一）华生、斯金纳、班杜拉的区别

行为主义除了华生、斯金纳的理论之外，还有一个是班杜拉（Albert Bandura）的发展心理学理论。班杜拉发展心理学理论的特点是什么？对于华生来说，假如你要吃到这个食物，首先必须要学会一样东西（比如听铃声），这是人为的。而斯金纳呢，把食物事先放好，让你自己去探索，只有自己去发现，才能吃到食物。

班杜拉和他俩不同，他说除了这两种形式，还可以有第三种，我不知道怎么去探索，但是我可以看着别人怎么做，噢，别人是这样做的，我也可以这样做。所以这叫社会学习，别人给他提供榜样，也叫观察学习。大家明白了吗，这是班杜拉（理论）最有特色的一点。

观察学习，实际上就是通过观察他人所表现的行为及其结果而进行的学习。

观察学习表现为一定的过程，班杜拉认为这个过程包括注意过程、保持过程、运动复现过程和动机过程四个组成部分。

（二）社会学习在社会化过程中的作用

班杜拉特别重视社会学习在社会化过程中的作用——即社会引导成员用社会认可的方法去生活，为此，他专门研究了攻击性的作用、性的作用、自我强化和亲社会行为等几个方面。

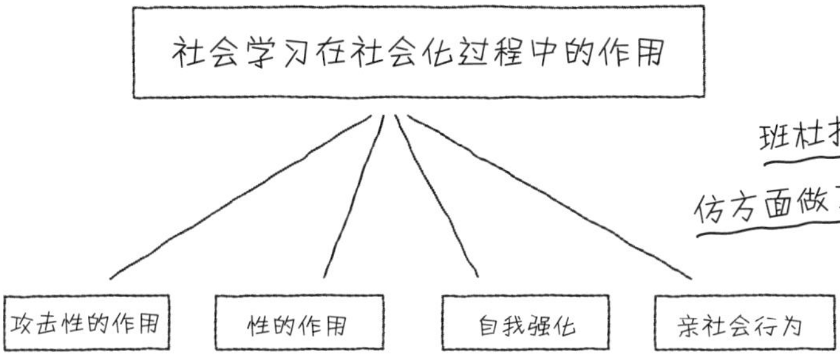

班杜拉在观察、学习、模仿方面做了很重要的研究。

社会学习在社会化过程中的作用

1. 攻击性

班杜拉认为，攻击性的社会化也是一种操作条件作用。如当儿童用合乎社会的方法表现攻击性时（如赛球或打猎），父母和其他成人就奖励他们；当他们用社会不容许的方法表现攻击性时（如打骂幼小儿童），则惩罚他们。所以儿童在观察攻击性的模式时，就会注意什么时候的攻击性被强化，而对于被强化的模式便照样模仿。

2. 性的作用

班杜拉认为，男女儿童各自性别品质的发展较多地也是通过社会化过程的学习，特别是模仿的作用而获得的。

班杜拉认为，儿童常常通过观察学习两性的行为，只是在社会强化的情况下，他们通常所从事的仅仅是适合他们自己的性别的行为。有时这种社会强化还会影响观察过程本身，也就是说，儿童甚至会停止对异性模式细致的观察。

3. 自我强化

班杜拉认为，自我强化也是社会学习模式影响的结果，他曾用实验证明了这一点：让7岁至9岁的儿童观看滚木球比赛的模式，根据这种模式，只有当得到高分时，才可用糖果来奖励自己，否则，就将做自我批评。然后让看过和未看过滚木球比赛模式的儿童分别独自玩滚木球比赛游戏，结果看过比赛模式的儿童，采用的是自我－报酬的类型，而未看过比赛模式的儿童对待报酬的方法，则是不管什么时候，只要自己愿意和感到喜欢就行。可见，在儿童自我－评价的行为上，即自我强化的社会化方面，模式表现了明显的效果。

4. 亲社会行为

班杜拉认为，亲社会行为（如分享、帮助、合作和利他等）通过呈现适当的模式能够施加影响。

这些就是班杜拉理论具有突出贡献的地方，他解释了人的行为是怎么来的。他的理论在相当程度上反映了人类学习的特点，揭示了人类学习的过程，这是有一定理论和实际价值的，但是班杜拉的社会学习理论基本上是行为主义的，他虽然也重视认知因素，但并没有对认知因素做充分的探讨，更缺乏必要的实验依据，他偏重的是对人的行为的研究，在行为研究中没有给认知因素以应有的地位，而只是一般化地对认知机理做些简单的论述，因而他的社会学习理论具有明显的不足之处，表现了一定的局限性。

第三节 维果斯基的心理发展观

维果斯基（Л. С. Выготски，1896-1934），前苏联心理学家，“文化—历史”理论的创始人。1917年毕业于莫斯科大学法律系和沙尼亚夫斯基大学历史哲学系。1924年到莫斯科心理研究所工作。他主要研究儿童心理和教育心理，着重探讨思维与言语、教学与发展的关系问题。

在发展心理学史上，维果斯基的思想独树一帜，不仅被俄国，也被西方心理学界所推崇。

大家已经预习了，现在来想一想，具体来说维果斯基在哪些方面做了探索？

四个方面的探索

- 创立了“文化—历史发展理论”；
- 探讨了发展的实质，提出文化—历史的发展观；
- 提出教学与发展关系的思想；
- 分析了智力形成过程，提出“内化”学说。

一、维果斯基创立了“文化—历史发展理论”

维果斯基和鲁利亚、列昂节夫一起从19世纪20年代开始研究人的高级心理机能的社会历史发生问题，形成社会文化—历史学派，又称“维列鲁”学派，维果斯基是这个学派的创始人。

维果斯基的“文化—历史发展理论”用来解释人类心理本质上与动物不同的那些高级的心理机能。他认为，由于工具的使用，引起人的新的适应方式，即物质生产的间接的方式，而不像动物一样是以身体的直接方式来适应自然。在人的工具生产中凝结着人类的间接经验，即社会文化知识经验，这就使得人类的心理发展规律不再受生物进化规律的制约，而是受社会历史发展的规律所制约。维果斯基的心理发展观，与他的文化—历史发展观密切联系在一起。心理发展的高级机能是人类物质生产过程中发生的人与人之间的关系和社会文化一历史发展的产物。

二、探讨了“发展”的实质，提出文化一历史的发展观

维果斯基认为，发展是指心理的发展，是指一个人的心理（从出生到成年）在环境及教育影响下，在低级的心理机能的基础上，逐渐向高级的心理机能的转化过程。

心理机能由低级向高级发展的标志：

1. 心理活动的随意机能；

2. 心理活动的抽象一概括机能，也就是说各种机能由于思维（主要是指抽象逻辑思维）的参与而高级化；

3. 各种心理机能之间的关系不断地变化组合，形成间接的以符号或词为中介的心理结构；

4. 心理活动的个性化。

心理机能由低级向高级发展的原因：

1. 起源于社会文化一历史的发展，是受社会规律所制约的。

2. 从个体发展来看，儿童在与成人交往过程中通过掌握高级心理机能的工具——语言、符号这一中介环节，从而在低级的心理机能的基础上形成了各种新质的心理机能。

3. 是高级的心理机能不断内化的结果。

三、提出教学与发展关系的思想

在教学与发展的关系上，维果斯基提出了三个重要的问题：

1. “最近发展区”的问题

维果斯基认为，至少要确定两种发展的水平。第一种水平是现有发展水平：这是指由于一定的已经完成的发展系统的结果而形成的心理机能的发展水平。第二种是在有指导的情况下借别人的帮助所达到的解决问题的水平，也是通过教学所获得的潜力。这样，在智力活动中，所要解决的问题与原有的独立活动之间就可能有差异，这就是“最近发展区”。

2. 教学应当走在发展的前面的问题

因为存在“最近发展区”，维果斯基提出“教学应当走在发展的前面”。这是他对教学与发展关系的最主要的理论。教学“可以定义为人为的发展”，教学决定着智力的发展，这种决定作用既表现在智力发展的内容、水平和智力活动的特点上，也表现在智力发展的速度上。

3. 关于学习最佳期限的问题

教学创造着最近发展区，第一个发展水平与第二个发展水平之间的动力状态是由教学决定的。那么怎样发挥教学的最大作用呢？维果斯基强调了"学习的最佳期限"，也就是常说的关键期问题。如果脱离了学习某一技能的最佳年龄，从发展的观点来看都是不利的，它会造成儿童智力发展的障碍。因此，开始某一种教学，必须以成熟与发育为前提，但更重要的是教学必须首先建立在正在开始形成的心理机能的基础上，走在心理机能形成的前面。

四、分析了智力形成的过程，提出"内化"学说

在儿童思维发展的研究中，不少心理学家提出了外部动作"内化"为智力活动的理论。维果斯基是"内化"学说最早推出者之一。他指出，教学的最重要的特征便是教学创造着最近发展区这一事实，也就是教学激起与推动学生一系列内部的发展过程，从而使学生通过教学而掌握全人类的经验并内化为儿童自身的内部财富。

儿童心理发展的基本问题有四个：儿童心理发展的遗传与环境的关系，儿童心理发展的主动性与被动性的关系，儿童心理发展的连续性与阶段性，儿童心理发展的"关键期"问题

维果斯基在儿童心理发展基本问题上的观点：

在遗传和环境的问题上，维果斯基更强调环境，而且是历史文化环境。不同国家的人一样吗？在人格特点上一样吗？肯定是不一样的，因为人格是带有文化内涵的，所以有很大不同，在具体行为上可以表现出来。比如有人请大家吃饭，说："大家请点菜。"中国人会回答说："随便。"但是美国人会说："好啊，我喜欢吃什么我告诉你，我喜欢这个牛排，就点这个。"然后就自己点了。中国的文化内涵强调的是谦虚、谦让，让别人优先；而美国人强调的是独立、自我，这方面就很有差异。对于中国人来说，请客吃饭是建立人脉关系的重要手段，而日本人很少请客吃饭，他们基本上都是AA制。中国人可能会觉得日本人太小气了，但是日本人觉得请人吃饭是在给别人添麻烦呢，因为被请的人要想着还情，所以就增加了负担，不如干脆AA制，谁也不欠谁的。

在儿童心理发展的主动性和被动性的关系上，维果斯基强调儿童发展的主动性，因为智力形成的过程是不断地自己内化的过程，所以在教育里面提出建构主义观点。从教育与发展的关系上考虑，一定要把学生分出级别，确定起点在哪里，强化的要求在哪里，设立的目标一定是学生够得

着的，不要太远，这样学生才能有兴趣、有动力完成学业。

关于维果斯基提出的心理机能发展的标志，他对心理成熟的标志做了很好的说明，不过他并没有划分出阶段。所以对于儿童的心理发展是连续的还是分阶段的，维果斯基认为儿童的心理发展是连续的，但他没有划分出阶段，这也是维果斯基与别人的基本观点不一样的地方。

维果斯基观点的不足在哪里？他没有涉及遗传的作用。

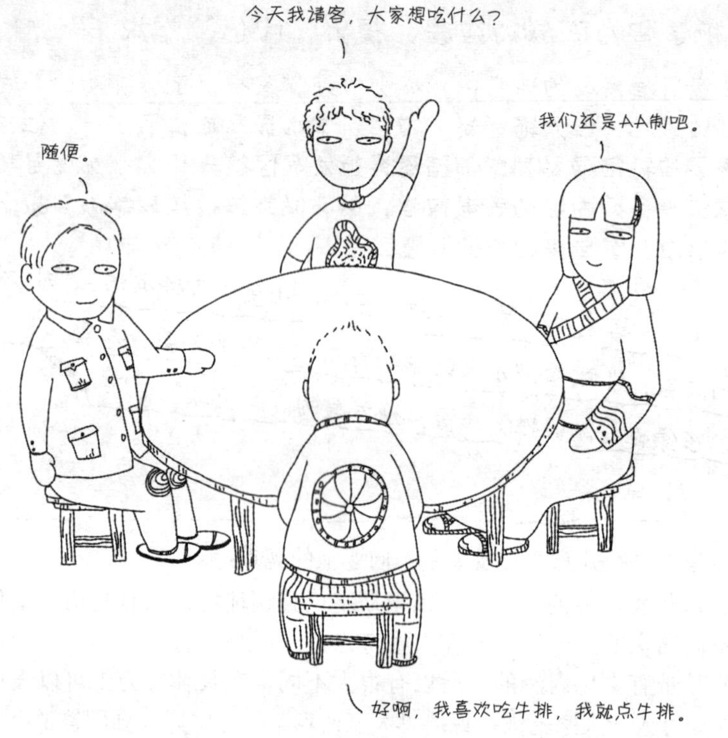

第四节　皮亚杰的认知发展理论

当代发展心理学最有影响的理论是皮亚杰（Jean Piaget）的心理发展观。皮亚杰的理论核心是发生认识论，主要是人类的认识，比如认知、智力、思维、心理的发生和结构等。皮亚杰认为，人类的认识不管多么高深、复杂，都可以追溯到胚胎时期。儿童出生以后，认识是怎样形成的？智力、思维是怎样发生发展的？它受哪些因素制约？它的内在结构是什么？各种不同水平的智力、思维结构是如何先后出现的？所有这些，就是皮亚杰心理研究所企图探索和解答的问题。

皮亚杰有四大贡献。第一，对发展的实质和原因做了很好的探索。第二，提出了心理的智力结构（弗洛伊德提出了人格结构而皮亚杰提出了智力结构）。第三，提出发展阶段。第四，在研究方法上独创临床法。

弗洛伊德的理论重在讨论人格结构，而皮亚杰则关注智力结构。

一、发展的实质和原因

（一）皮亚杰的发展观

皮亚杰既强调内外因的相互作用，又强调在这种相互作用中向心力不断产生量和质的变化。

在心理学、特别是发展心理学上，由于存在各种不同的观点，因而有各种不同的发展理论：

1.只讲外因不讲发展的，如英国罗素的早期观点；

2.只讲内因不讲发展的，如卡尔·彪勒（Karl Buhler1879.5.27—1963.10.24）的早期观点；

3.讲内因外因相互作用而不讲发展的，如格式塔学派；

4.既讲外因又讲发展的，如联想心理学派；

5.既讲内因又讲发展的，如桑代克的尝试错误学派。

而皮亚杰则认为他和这五种发展理论不同，他的观点属于内外因相互作用的发展观，即他既强调内外因的相互作用，又强调在这种相互作用中向心力不断产生量和质的变化。

（二）心理发展的本质和原因

心理发展的本质和原因在于适应的过程。

适应的本质在于取得机体与环境的平衡。皮亚杰认为适应是通过两种形式实现的：一个是同化，一个是顺应。

同化，即把环境因素纳入机体已有的图式或结构之中，以加强和丰富主体的动作。

顺应，即改变主体动作以适应客观变化。

二、发展的因素与发展的结构

（一）心理发展的因素

皮亚杰认为，支配心理发展的因素有四个：

1.成熟，皮亚杰认为成熟是发展的必要条件，但不是充分条件；

2.物理因素，包括物理经验和数理逻辑经验；

3.社会环境；

4.平衡，即心理内部存在的平衡过程。

（二）心理发展的结构

皮亚杰是一个结构主义的心理学家，他提出心理发展的结构问题。

心理结构的发展涉及图式、同化、顺应和平衡。在四个概念中，皮亚杰把图式作为一个核心的概念提出来。

图式就是动作的结构或组织，这些动作在相同或类似环境中由于不断重复而得到迁移或概念。

同化与顺应是适应的两种形式。而同化和顺应既是相互独立的，又是彼此联系的。皮亚杰认为，同化只是数量上的变化，促进创立新图式或调整原有图式；平衡既是发展中的因素，又是心理结构。平衡是指同化作用和顺应作用两种机能的平衡。新的暂时的平衡并不是绝对静止或终结，而是某一水平的平衡成为另一较高水平的平衡运动的开始。不断发展着的平衡状态，就是整个心理的发展过程。

三、发展的阶段问题

与维果斯基不同，皮亚杰的发展观突出地表现在他的阶段理论的观点上：

1. 心理发展过程是一个内在结构连续的组织和再组织的过程，过程的进行是连续的；但由于各种发展因素的相互作用，儿童心理发展就具有了阶段性。

2. 各阶段都有独特的结构，标志着一定阶段的年龄特征；由于各种因素，如环境、教育、文化以及主体的动机等的差异，阶段可以提前或推迟，但阶段的先后次序不变。

3. 各阶段的出现，从低到高有一定的次序，且有一定的交叉。

4. 每一个阶段都是形成下一代阶段的必要条件，前一阶段的结构是后一阶段的基础，但前后两个阶段相比，有着质的差异。

5. 在心理发展中，两个阶段之间不是截然分开的，而是有一定的交叉。

6. 心理发展的一个新水平是许多因素进行新融合、形成新结构，各种发展因素由没有系统的联系逐步组成整体。

由此，皮亚杰把儿童心理或思维发展基本上分为四个阶段：

1. 感知运动阶段（0—2岁），儿童只能协调感知觉和动作活动，在接触外界事物时能利用或形成某些低级行为图式。

2. 前运算思维阶段（2—6、7岁），儿童还只能从自我考虑问题，不能从多方面考虑问题。

3. 具体运算思维阶段（7、8—11、12岁），儿童开始出现守恒，开始能独立组织各种方法进行正确的逻辑运算，但是这种运算还离不开具体事物或形象的帮助。

4.形式运算阶段（11、12—14、15岁），儿童根据假设对命题进行逻辑推理的能力不断加强，思维水平已经接近于成人。

四、皮亚杰的研究方法

皮亚杰的影响力是很大的，现在的认知心理学图书如果提到认知心理学先父的话，一定会提到皮亚杰。皮亚杰第四个贡献是在研究方法上独创临床法。

具体来说，皮亚杰所运用的研究方法是他综合了观察法、询问法、测验法和实验法而创造出的临床法。

他很注意观察儿童的各种活动，根据要研究的问题，有意地布置了实验环境，当着儿童的面做一些独创性设计的小实验，并向儿童提出一些问题，通过对儿童的回答和活动的分析来研究儿童的心理发展规律。

第五节　生态系统理论

与别的发展心理学理论观点有所不同，心理学家布朗芬布伦纳（Urie Bronfenbrenner）认为对儿童发展特点的研究要强调其发展的情景性，并提出了生态系统理论观点（1979）。

一、布朗芬布伦纳的生态系统理论

布朗芬布伦纳在其理论模型中将人生活于其中并与之相互作用的不断变化的环境称为行为系统。

该系统分为四个层次，由小到大分别是：微系统、中系统、外系统和宏系统。这四个层次是以行为系统对儿童发展的影响的直接程度来分界的，从微系统到宏系统，对儿童的影响也从直接到间接。

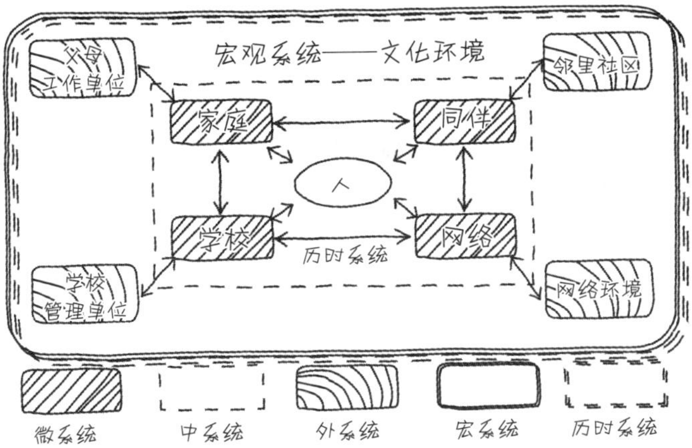

（一）微系统

环境层次的最里层是微系统，指个体活动和交往的直接环境，这个环境是不断变化和发展的。对大多数婴儿来说，微系统仅限于家庭。随着婴儿的不断成长，活动范围不断扩展，幼儿园、学校和同伴关系不断纳入婴幼儿的微系统中来。

（二）中系统

第二个环境层次是中系统，是指各微系统之间的联系或相互关系。

布朗芬布伦纳认为，如果微系统之间有较强的积极的联系，发展可能实现最优化。相反，微系统间的非积极的联系会产生消极的后果。

（三）外层系统

第三个环境层次是外层系统，指那些儿童并未直接参与但却对他们的发展产生影响的系统。例如，父母的工作环境就是外层系统影响因素。

（四）宏系统

第四个环境系统是宏系统，指的是存在于以上三个系统中的文化、亚文化和社会环境。宏系统实际上是一个广阔的意识形态，它规定如何对待儿童，教给儿童什么，以及儿童应该努力的目标。

布朗芬布伦纳的模型还包括了时间纬度，或称历时系统，把时间作为研究个体成长中心理变化的参照体系。他强调了儿童的变化或者发展，将时间和环境相结合来考察儿童发展的动态过程。

二、对布朗芬布伦纳生态系统的评价

（一）布朗芬布伦纳生态系统理论的优点

首先，扩大了心理学研究中环境的概念。传统的发展心理学研究关注的只是影响儿童的即时环境。布朗芬布伦纳生态系统理论则将“环境”的范围拓展得更宽、更复杂。

其次，从多方面促进儿童的发展。生态系统理论中的四个系统之间存在千丝万缕的联系。对环境影响的详细分析，可以找出影响儿童发展的因素，从而给予及时的干预。

最后，强调发展的动态性。布朗芬布伦纳生态系统理论将时间纬度作为研究个体成长中心理变化的参照体系。

（二）布朗芬布伦纳生态系统理论的局限性

首先，过分强调环境对发展的作用，而忽略了生物性，即遗传对人类的影响。

其次，布朗芬布伦纳并未提出一个人类发展的系统的理论模式。

从这个角度来说，布朗芬布伦纳的生态系统理论还有待于更进一步的发展。换一种角度说，它只是人类其他发展理论的补充。

真正地把握布朗芬布伦纳的生态系统理论，并应用到教育中，会形成非常好的教育思路。创造一个优质的教育生态环境对孩子的教育具有良好的促进作用。父母恩爱、家庭和谐，乃至社会和谐，是我们能够做到的。

这里详细解释一下布朗芬布伦纳的生态系统理论。

孩子一出生最先接触到的环境是家庭，然后是学校、同伴、网络等。对于婴儿来说，家庭环境最为重要。在孩子与环境的互动中，成人与儿童的关系是双向的，成人影响着孩子的反应，同时孩子的人格、能力等特征也影响着成人的行为。在这个过程中，孩子的个性、习惯乃至心理资产逐渐形成。为什么孩子一考试就紧张？为什么有的孩子跟同学处不好关系？这些都是在与环境的互动中逐渐形成的。孩子越小，父母的影响就越大。比如妈妈给婴儿喂奶，婴儿饥饿的时候会通过哭泣来引起妈妈的注意，从而影响妈妈的行为。如果妈妈能及时给婴儿喂奶，就能消除婴儿哭泣的行为。当孩子与父母之间的交互反应很好地建立并经常发生时，就能对孩子的发展产生持久的良性作用。

当孩子与父母的关系受到第三方关系的影响，如果第三方的影响是积极的，那么孩子与父母的关系会进一步发展；如果第三方的影响是消极的，那么孩子与父母的关系就会遭到破坏。比如，婚姻状态就是影响孩子与父母关系的极为重要的第三方关系。当父母关系和谐，并能互相鼓励其在家庭教育中的角色时，父母都能有效地担当家长的角色，从而促进孩子与父母的关系；相反，当婚姻出现长期的冲突时，孩子与父母的关系会受到不良影响，导致孩子适应环境困难，产生不遵守纪律和敌对心理等不良行为和心理现象。

除了最直接的环境之外，家庭、同伴、学校以及网络之间的联系或相互关系也非常重要。如果这些关系之间有较好的、积极的联系，孩子对环境的适应会实现最优化，否则会有糟糕的后果。再外一层的环境，比如说父母不喜欢现有的工作或工作不顺利，就会影响孩子在家庭中的情感关系。最外层的环境是指社会的文化环境，它往往会从更广阔的意识形态上影响孩子的成长。

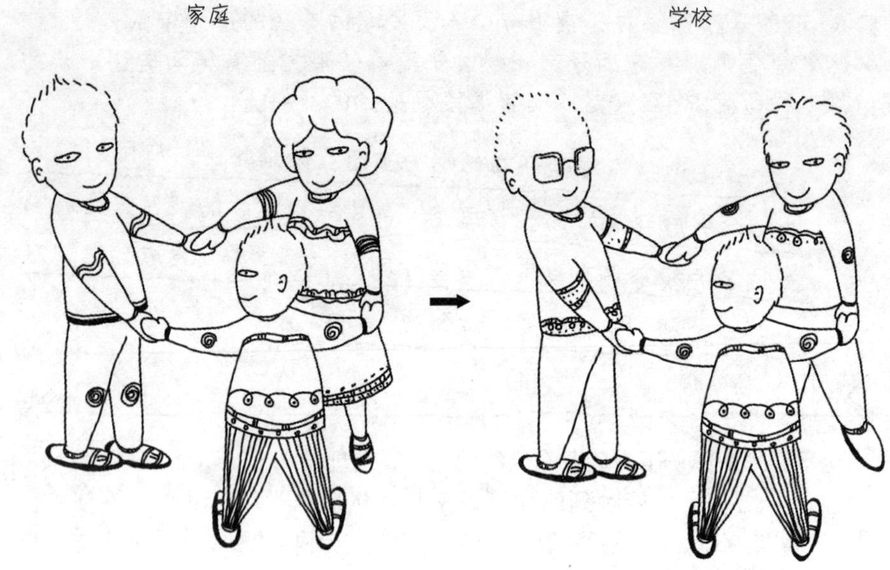
家庭
学校

家庭
学校

本章总结

主要内容

心理发展的基本理论以及各派理论的代表人物和主要观点。

重点

心理发展各派理论的代表人物及主要观点，学派之间的差异。

难点

心理发展的基本理论之间的差异比较。

练习题

(1) 比较华生的心理发展观与斯金纳的心理发展观。
(2) 心理发展理论的基本问题有哪些？
(3) 简述维果斯基文化—历史发展理论的核心内容。
(4) 比较弗洛伊德和艾里克森的心理发展理论。
(5) 论述皮亚杰的心理发展观。
(6) 相对于传统的发展理论，生态系统理论有什么优点？

沃老师说：当感到迷茫时，问自己一个问题：我这辈子究竟要的是什么？人生之所以迷茫，就在于不明白自己是谁，将要去干什么，能干什么，自己想要达到的核心目标又是什么。明白了自己的目标，也就明白了人生的意义和追求。

第三章　心理发展的生物学基础和胎儿的发育

本章提示：

本章主要介绍人类心理发展的生物学基础，胎儿从受孕到出生主要的发展变化过程，以及影响胎儿正常发育成长的因素。本章不是出题的重点，但也要对相关概念、知识点及基本问题，比如合子、胎儿、胎儿的发育过程、胎儿正常发育所需要的条件等有较清楚的了解并加以识记。

这一章的纲目和内容主要有两大块。

本章知识结构：

- 心理发展的生物学基础
  - 遗传与基因
  - 生命的开始
- 胎儿的发展与先天素质
  - 胎儿的发育
  - 新生儿反射

第一部分关于遗传与基因以及生命的开始；第二部分关于胎儿发育的过程以及发育的基本条件，是这一章的重点。

出生时妈妈对我说："宝贝，你是我生命中的礼物；你是独一无二的，地球上只有一个你。"因为这句话，我一直幸福到现在！

第一节　心理发展的生物学基础

一、遗传与基因

（一）染色体、DNA和基因

1.染色体

什么是染色体？染色体是遗传物质的载体、生物遗传的基础。染色体主要是由哪几个部分组成的呢？一个是脱氧核糖核酸（DNA），另一个是蛋白质。染色体与躯体内许多重要生命活动有极其密切的关系。

2.DNA

DNA也就是脱氧核糖核酸，是染色体的主要化学成分，同时也是组成基因的材料。

3.基因

基因是具有特定遗传功能的最小单位，是储存特定遗传信息的功能单位。精子和卵子大概放大多少倍可以看得到？要100倍，但是基因需要放大1万倍才能看得到，非常非常小。遗传基因密码在几秒钟就可以完成。

（二）显性和隐性基因

每种生物都表现出各种性状，如高和矮、色盲与正常。这些性状都是由成对的基因来决定的。这成对的基因位于相对染色体的对等的位置上，故称等位基因。两个等位基因在决定它们所控制的性状表现时，其作用并不是平等的，其中一个基因力量较强，另一个基因力量较弱。在决定子代的性状表现时，力量较强的、在性状上能表现出来的基因叫显性基因，力量较弱而没有表现出来的称隐性基因。

（三）遗传疾病

遗传物质的载体是染色体，遗传物质是DNA，它们的变化往往引起人类的遗传疾病。遗传病一般由基因突变和染色体异常造成。

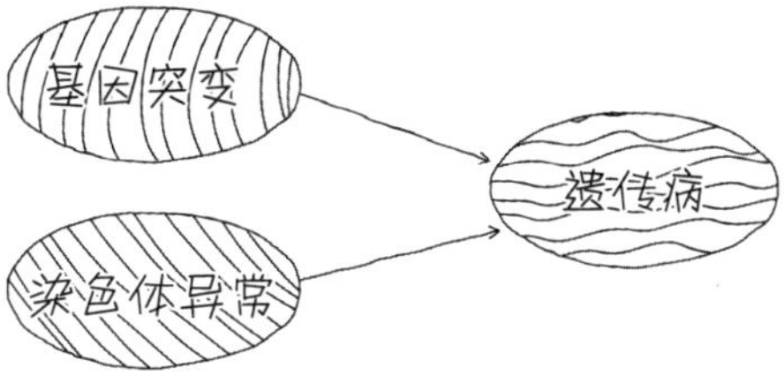

基因突变是细胞内遗传物质的化学成分以及DNA链上的某一小段由于某种原因所引起的分子结构的变化，可分为常染色体显性遗传、常染色体隐性遗传、性连锁显性遗传、性连锁隐性遗传等。

染色体异常是由于细胞核内染色体数目减少或增加、染色体某一节段的短缺或易位造成的。因此染色体异常往往表现为多种缺陷的综合征，病情比较严重。

遗传重要到何种程度？就拿孩子的智力来说，如果父母智力正常，那么孩子有73%的比例是智力正常的。如果父母一方智力正常，而另一方智力低下，那么孩子的智力有64%的比例是正常的。如果父母双方都是智力低下者，那么孩子只有28%的比例是智力正常的。如果父母一方是智力低下者，另一方是智力缺陷者，那么孩子智力正常的比例只有10%。而如果父母双方都是智力缺陷者，那么孩子只有4%的比例是智力正常的。由此可以看出遗传对后代的影响之大。

遗传因素对后代的影响，早就得到人们的共识。在孕前咨询中，有以下情况的要重点做好医学检查和咨询：

夫妻一方有家族遗传病。

比如血友病、精神分裂症，遗传的可能性就比较大，所以在生育前务必要慎重。

超过35岁以上的高龄产妇。

女孩子一出生，所有的卵细胞就都贮备好了，所以随着年龄的增长，卵细胞也会慢慢老化，质量下降，染色体异常的几率随之增加，生出异常孩子的可能性也随之增加。因此，超过35岁的女性，在孕前要做好医学检查，排除意外情况，确保后代的健康。

曾经生育过遗传疾病儿的母亲。

如果母亲生下的第一个孩子是遗传病患儿，比如患有侏儒症、先天性白化病等，那么接下来的孩子患同样疾病的可能性会比正常情况下的孩子高很多，概率大约为2％－3％。

有习惯性流产历史的女性。

习惯性流产受多种因素的影响，其中一个重要原因就是自然选择的力量。有研究表明，习惯性流产的夫妇，其染色体异常的比率要远远高于正常夫妇。

二、生命的开始

（一）减数分裂和受精作用

减数分裂是在生殖细胞成熟过程中发生的，它的特点是染色体复制一次，细胞连续分裂两次，其结果是使原细胞的染色体数目减少一半。

受精作用是指精子和卵子结合成受精卵的过程。两性生殖细胞成熟后，精子与卵子相遇，精子与卵子结合所引起的一系列变化称为受精。

（二）有丝分裂和细胞增殖

1. 有丝分裂

在细胞分裂的三种方式中，有丝分裂是最主要也是最重要的一种。它实际上是细胞染色体进行有规则的分裂变化的过程。每次分裂都伴有染色体的复制。有丝分裂的结果所产生的两个子细胞都有与亲代相同数目的染色体。染色体内DNA的结构都是相同的。正因如此，受精卵的遗传基因通过不断的有丝分裂，传递给人体的全部细胞。

2. 细胞增殖

合子形成后马上开始细胞分裂，新的个体开始了自己独特的发展道路。从合子到新生婴儿，一般要经过44次细胞分裂。通过细胞的不断增殖，又经过细胞生物化学过程的不断进行，种种性质不同的细胞分化了出来，形成许多器官构造，出现许多性状。这个增殖过程在人体则是通过细胞的有丝分裂进行的。

第二节　胎儿的发展与先天素质

我们要掌握一个胎儿在成长过程当中发展的基本规律和特点。

胎儿期是指从受孕到出生这段时间。胎儿的发展主要受遗传及生物学因素的控制，但胎内外的环境及母亲自身的状况，也会对胎儿的发展产生影响。这些影响不仅是生理方面的，也是心理方面的。对心理方面的影响，是由于生理方面的变化造成的，这将反映在出生以后的各发展阶段。因此，胎儿的发展对于人整个一生的发展都具有重要意义。

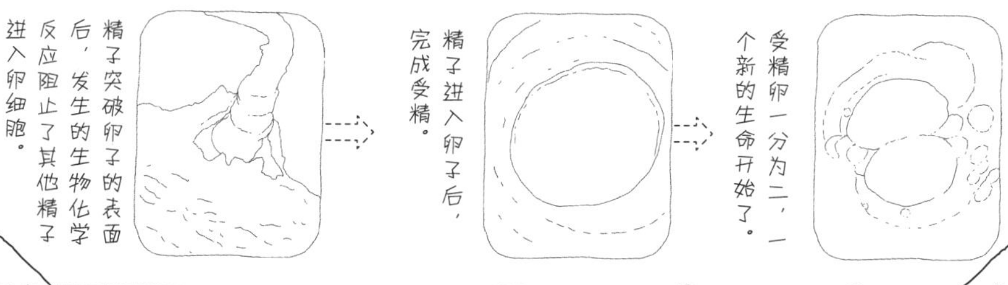

一、胎儿的发育过程

（一）合子的形成

- 合子
  - 卵子（卵细胞）
  - 精子（精细胞）

合子的一部分称作卵子，或卵细胞。卵细胞在卵巢之内生长发育。合子的另一部分称作精子，或精细胞。精细胞在睾丸之内生长发育。

创造一个合子（也即受精卵），至少要有一个精子找到并穿透一个卵子，这个瞬间称作受孕，成功受孕就意味着形成了一个合子。

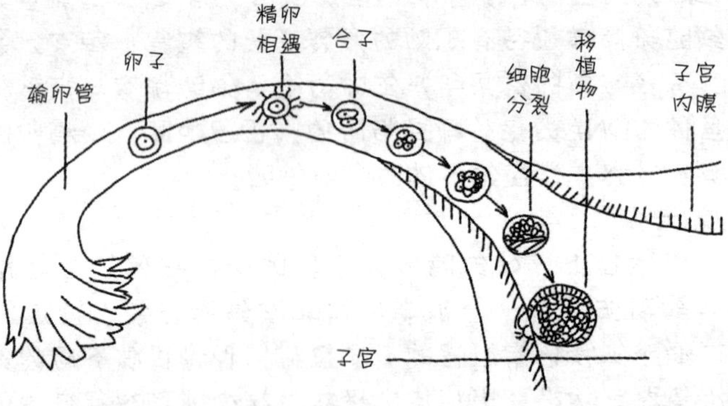

合子的形成过程

（二）胎儿生长的阶段

- 胎儿生长的阶段
  - （一）胚种阶段（0—2周）
  - （二）胚胎阶段（3—8周）
    - 1. 3—4周的发展情况
    - 2. 5—8周的发展情况
  - （三）胎儿阶段（9—38周）
    - 1. 9—12周的发展情况
    - 2. 13—16周的发展情况
    - 3. 17—20周的发展情况
    - 4. 21—24周的发展情况
    - 5. 25—28周的发展情况
    - 6. 29—32周的发展情况
    - 7. 33—36周的发展情况

1.胚种阶段（0—2周）

着床：在胚种阶段，也就是0—2周，合子一边向子宫方向移动，一边不断地进行细胞分裂。待移至子宫中时，胚种在子宫腔中大约自由漂浮1—2天，然后开始慢慢地把自己移植到子宫壁上。因为胚种是逐步地把自己像种子一样埋在子宫壁上的，因而这个过程叫“着床”，大约需1周完成。

胎盘在这个时候形成。对于胚胎来说，胎盘是一个重要的器官，由脐带把它和胚胎连在一起。胎盘的作用：通过脐带把母亲提供的营养和氧气输送给胎儿，又把胎儿排除的废物运到母亲的血液中，再由母亲排出体外。此外，胎盘还有抵御内部感染的功能，使胚胎免受伤害。

2.胚胎阶段（3—8周）

胚胎阶段是一个关键阶段，这时如果有害物质进入胚胎，会产生永久的、不可逆转的损伤。在胚胎阶段，心脏、眼睛、耳朵将会形成；手和脚也会变成它们的最终形式。

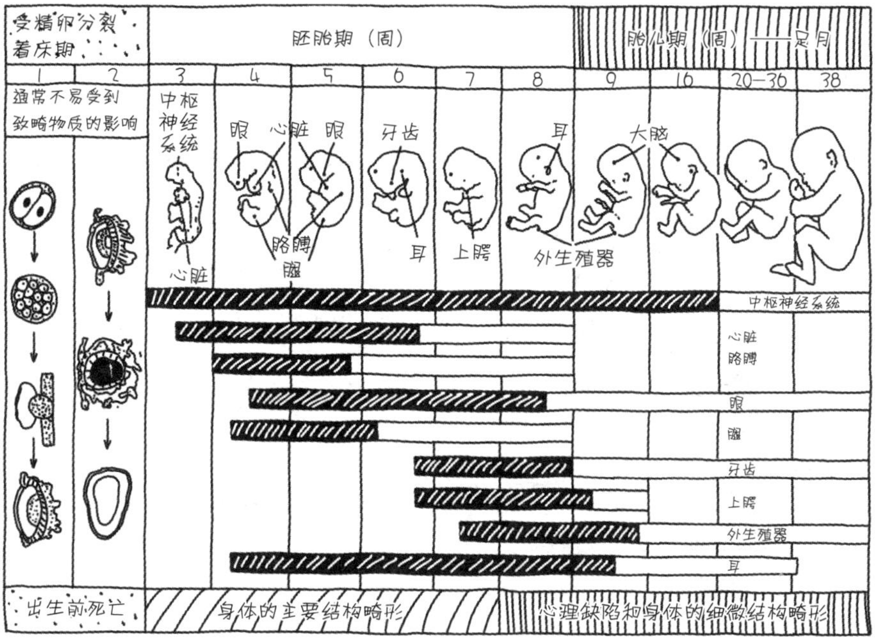

孕期发展的关键期，涂黑部分表示器官最容易受损害的时期，涂灰部分表示器官和结构已形成，受致畸物质的影响不大了。

资料来源：Moore，E. L.，& Persaud, T. V. N.（1993）Before We Are Born: Essential Sofembryo-logy and Birth Defects（4th ed.）. Philadelphia: Saunders.

3–4周：神经系统开始形成，心脏形成并开始泵血，脑和眼睛的基础物质形成，消化系统和肾结构也在这时出现。

5–8周：胚胎发育得更加迅速，胳膊和腿的形状开始形成，眼底部分开始发展，胃和食道正在形成。

在这期间，胚胎的神经系统已经像电话线路一样开始传送和接收信息。大脑的嗅觉区和鼻子的神经纤维之间开始形成联系，视网膜和大脑之间的联系也开始形成。到第8周末，胚胎开始变得有点“人样”了，它的眼睛、耳朵和鼻子开始出现在适当位置上；它的颚开始变成嘴和唇；它的细小的胳膊上有肘、手、粗短的四指和拇指；它的腿上有踝、关节和脚趾，腿关节也开始形成。骨细胞开始在中心部分再造软骨细胞。骨细胞出现在身体的结构分化基本完成的时候，它们的出现，使得已经分化了的结构开始骨化的过程。骨化意味着胚胎发展到了一个新的阶段——胎儿阶段。因此，可以认为，骨细胞的出现，是胚胎发展到胎儿的一个重要标志。

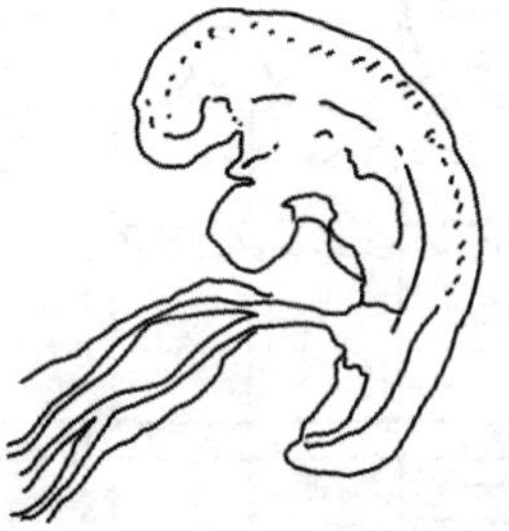

受精后6周，人形已隐约可见，此时，胚胎的心跳每分钟140–150下，是母亲的两倍。
资料来源：http://lady.QQ.com

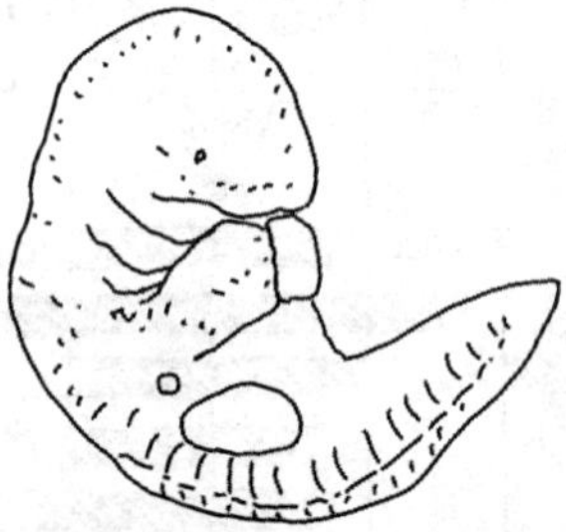

5周的胎儿。
资料来源：http://lady.QQ.com

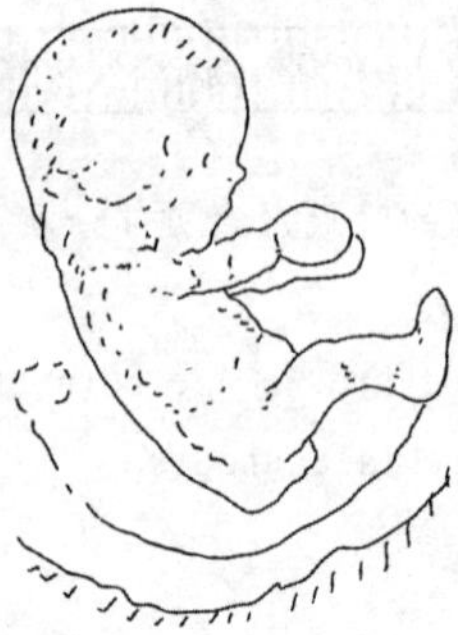

8周的胎儿会踢或伸直双腿，还能把手臂上下移动。
资料来源：http://scitech.people.com.cn/GB/25509/4901533.html

3.胎儿阶段（9—38周）

（1）胎儿的图片

9—38周发育成为胎儿期，我们先来看一组照片。

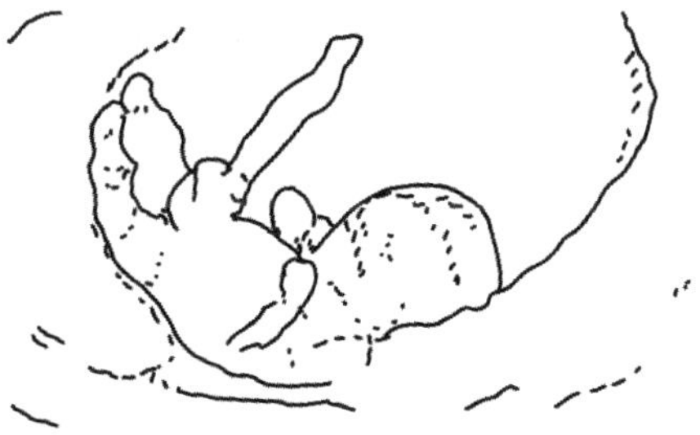

10周的胎儿可以做出很多手臂和腿的动作，尽管这些动作显得稚嫩。
资料来源：http://scitech.people.com.cn/GB/25509/4901534.html

11周大的胎儿就可以把拇指放进嘴里。这个胎儿开始嘬他的小脚趾，然后逐渐嘬更大的脚趾。
资料来源：http://scitech.people.com.cn/GB/25509/4901527.html

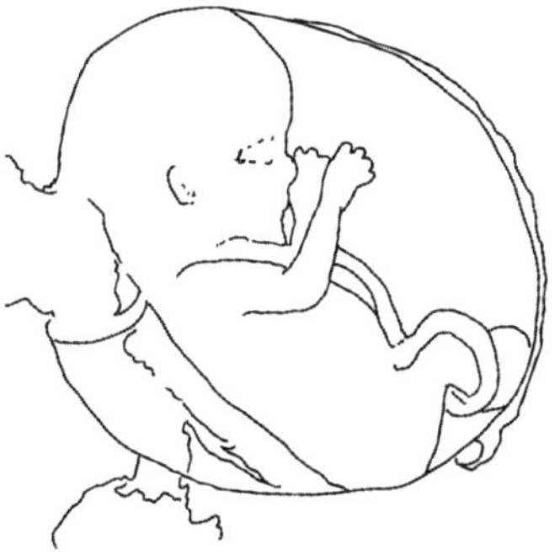

在羊水保护下安详成长。
资料来源：http://www.hnwjfk.com/ckzx/ycqbj/6072.html

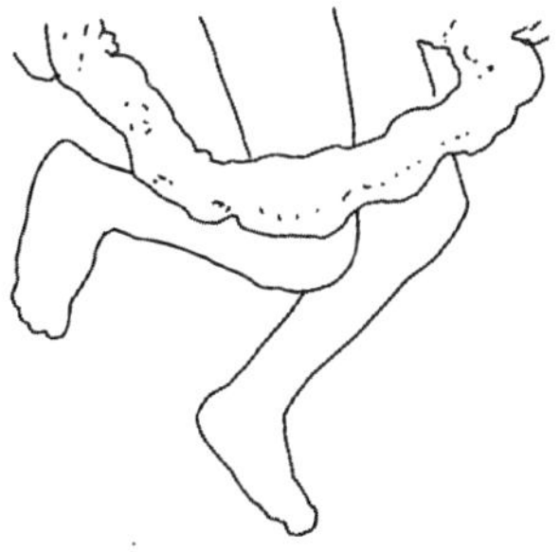

骨骼已经发育。
资料来源：http://www.hnwjfk.com/ckzx/ycqbj/6072.html

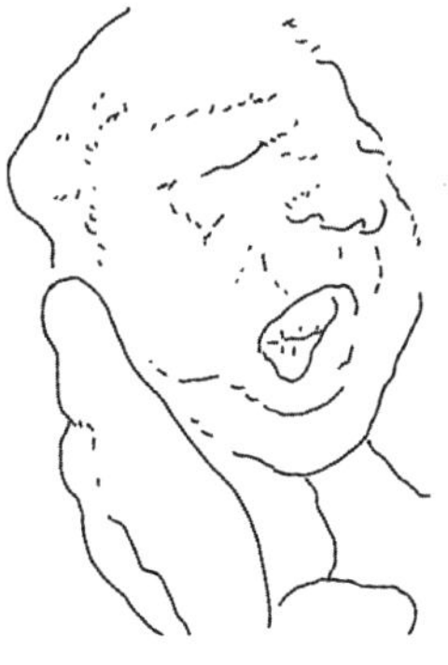

第12周，胎儿可以做出打哈欠的动作。或许这就是自然之母的神奇之处：胎儿似乎知道，在出生之前练习打哈欠，那么出生后他就可以开始顺畅地呼吸了。
资料来源：http://scitech.people.com.cn/GB/72127/4901423.html

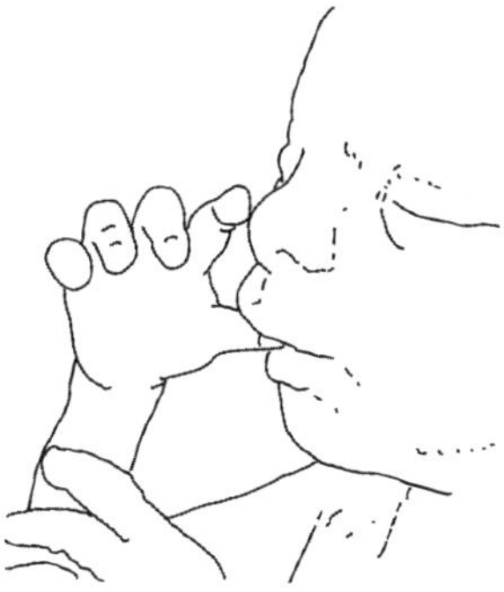

20周的胎儿。瞧，小家伙在吸吮手指。
资料来源：http://gzdaily.dayoo.com/gb/content/2003-11/02/content_1275024.htm

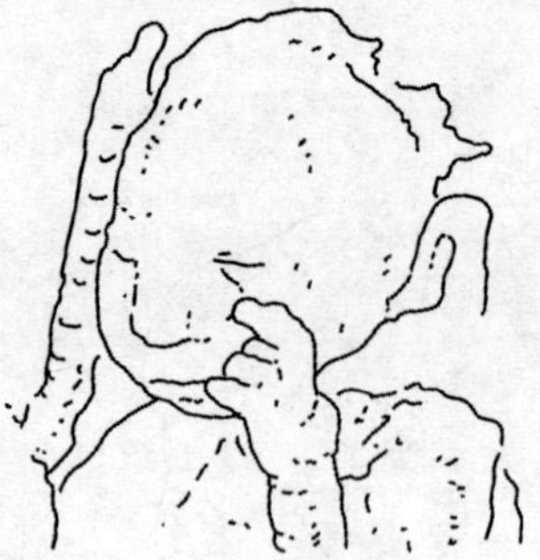

22周的胎儿可以做出很好的手部和手指的动作，可以抓、擦、拍自己的脸和鼻。
资料来源：http://scitech.people.com.cn/GB/25509/4901533.html

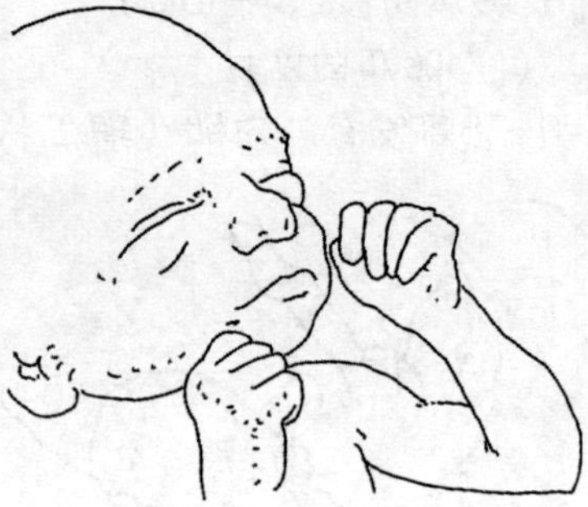

6个月的胎儿。
资料来源：http://pic.2xw.cn/jiankang/yunyutupian/08112912290360441_8.html

睁开眼睛的胎儿。
资料来源：http://bjimg.focus.cn/photoshow/308/453003.html

经常翻筋斗。
资料来源：http://www.hnwjfk.com/ckzx/ycqbj/6072.html

一粒小小的种子怎样发育成一棵参天大树？一切均从最源头开始啊，想想真奇妙。这让我想起一句话：尊重生命，敬畏生命，呵护生命，因为没有哪两个生命是相同的，每个生命都有其存在的权威意义。

（2）胎儿的发育过程

第3个月：胎儿身体上的各种器官、肌肉、神经系统相互联结起来，使胎儿可以做各种有趣的动作，比如打哈欠、握拳、踢腿、曲臂、张口、转头，等等。由于这些动作轻微，母亲暂时感觉不到胎儿在运动。

第4个月：4—6个月称为妊娠中期。第4个月时，出现无条件反射，比如抓握反射和巴宾斯基反射，这些反射活动还是整体性的。第4个月末，胎儿身长达20—25厘米，重量大约有170克，外貌表现出人类特有的外表特征。

第5个月：胎动明显，母亲能感受到胎儿的活动了。胎儿的皮肤开始变厚，指甲也开始硬化，眉毛和睫毛出现，头皮上长出了软软的头发。

第6个月：胎儿身长30厘米左右，体重约为450克。眼睛开始睁开，可以上、下、左、右地看。第6个月末，如果这时候早产，胎儿有体外存活的希望，但是几率很小。

第7个月：母亲怀孕的7、8、9三个月称为妊娠后期。第7个月末，胎儿体重约1800克，长40—43厘米，这时若发生早产，存活的希望为50%。从第7个月起，胎儿的视网膜发育完全，这时候的胎儿常常做睁眼闭眼的动作，以完善眨眼功能。

第8个月：小宝贝体重长至2250—2700克，身长46厘米。这时若发生早产，则存活的希望为85%。

第9个月：胎儿体重达3500克左右，体长52厘米。

妊娠中后期，特别是5个月以后，胎儿基本已发育成人类的样子了，后面主要是长大、长脂肪。另外，胎儿在妊娠后期大脑发育尤其迅速，具有沟回和皮质的各层结构，已能指导各器官的活动。第9个月，胎儿活动慢慢变慢，睡眠增多，觉醒时间减少。在临产前的几周，大部分胎儿在子宫中逐渐转到头朝下的位置，为出生做好准备。

胎儿从受精卵到出生期间的主要发育情况

前3个月	妊娠中期（4—6个月）	妊娠后期（7—9个月）
卵子受精	出现无条件反射	神经系统成熟
着床	胎动	各器官发育成熟
羊膜囊的生长	吮吸和吞咽	吮吸和吞咽的调和
胎盘的生长	皮肤起皱、变厚	体温调节机制的形成
内部器官的分化	手指、脚趾出现	高效的消化和排泄
部分躯体的出现	头皮、后背、腿出现毛发，睫毛长出	出生前的平均大小：体长52厘米，体重3500克
性别器官的出现	睁开眼睛	
骨化开始	频繁的伸手、踢脚动作	

中枢神经系统的最初形成	第6月末的平均大小：体长30厘米，体重450克	
对触觉、味觉和光的敏感		
第三个月末的平均大小：体长7.6厘米，体重28克左右		

资料来源：宝贝计划——0岁潜能开发，沃建中、彭彧华、沈莉著，北京航空航天大学出版社，2010年，第P96页。

二、胎儿正常发育需要的条件

（一）母亲的自身条件对胎儿的影响

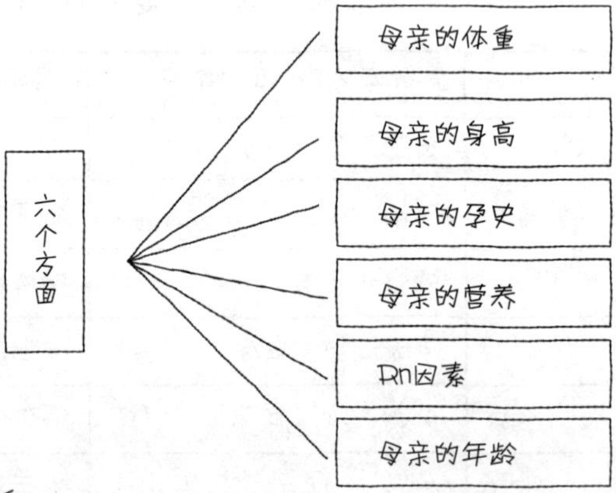

1.母亲的体重

关于母亲自身条件对胎儿的影响，有六个方面。第一个，母亲的体重，太重了或太轻了都不好，高于或低于正常体重的25%，孩子生出来就会有问题。母亲过于肥胖，不仅容易难产，而且容易生出肥胖儿；母亲过于瘦弱，会影响胎儿发育，比如头颅过小、出现各种疾病或智力低下等。

头颅过小意味着什么？意味着你可能会失去成为一个天才的机会。1999年，世界最顶尖的脑科学专家对爱因斯坦的头颅进行了解剖，发现有两点和正常人不同。

我们一般认为人大脑的沟回越多，面积越大，人就越聪明，但是爱因斯坦的大脑几乎没有沟回，这在目前还是一个未解之谜。第二，我们一般人的脑重量是1450克左右，而爱因斯坦的脑重量是1650克，我们今天可以理解了，原来他的硬盘比我们大。

2.母亲的身高

母亲的身高，对孩子倒是影响不大，主要是母亲不能太矮，如果低于140厘米，最好不要孩子，因为生出的孩子容易是低体重儿，对孩子的发育影响都比较大。

3.母亲的孕史

第三个因素是母亲的孕史，一般女子怀孕四次以上，再生育时遇到的危险性会更大。

我们现在有很多年轻人，还没结婚就在一起了，假如突然怀孕了，常常通过人工流产的方式来解决问题。假如人工流产过两次，千万注意不要再有第三次，否则，不仅容易导致不孕，而且即使再次怀孕，也很容易出现习惯性流产。

4.母亲的营养

母亲在孕期的营养很重要。在怀孕早期如果母亲营养不良，会引起胎儿生理缺陷，后期营养不良会导致生出低体重儿。

5.Rh因素

人类存在两种Rh因子：Rh阴性（Rh−）和阳性（Rh+）。相关研究发现，患有溶血症的胎儿的母亲一般是Rh阴性的。之所以Rh因素是影响胎儿健康成长的重要因素，是因为胎儿的Rh阳性细胞进入母体，刺激母体产生Rh抗体，抗体再进入胎儿身体中，使得胎儿的血红细胞凝集成块从而遭到破坏，严重的会导致胎儿死亡。

Rh阴性的妇女所生的第一胎孩子往往正常，因为第一次怀孕中很少发生致敏作用。新生儿溶血症往往在第二胎以后的Rh+胎儿中产生。患上新生儿溶血症的儿童，通常会在生后不久死亡或终生耳聋和大脑麻痹等。

这种病在中国很少见，但在国外却并不罕见，一般可以通过给胎儿或新生儿换血来治疗。

6.母亲的年龄

女性最佳的生育年龄在23—29岁之间。过了35岁最好就不要再要了。这里主要针对的是第一胎。

（二）母亲的疾病对胎儿的影响

母亲有哪些疾病会对胎儿有重大影响？现归纳如下：

母亲的疾病对胎儿的发育会造成很大的不良影响

（一）风疹	（二）梅毒
（三）淋病	（四）外生殖器疱疹
（五）霍乱	（六）糖尿病
（七）肝炎	（八）慢性高血压
（九）流行性腮腺炎	（十）天花
（十一）毒血症	（十二）弓形体病

（三）药物及烟酒对胎儿的影响

1.药物

胎儿对很多药物敏感，因此孕妇一定不要乱服药，万不得已，也要在医生的指导下服用。

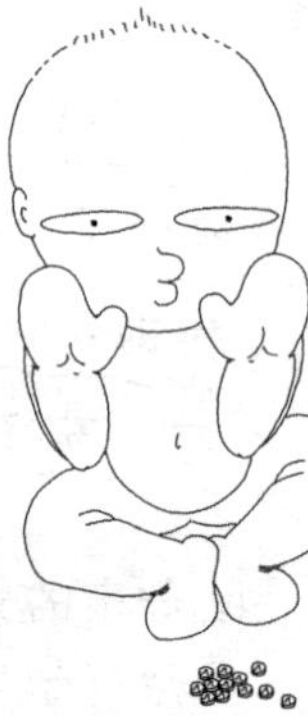

2.酒精

喝酒后要孩子，肯定对孩子有影响，这是毫无疑问的。在西方有“星期日婴儿”一说，也就是说年轻人在周末参加各种聚会，大量喝酒，结果这时候生出的孩子有各种毛病，严重的如“酒精综合征”，孩子智力低下，发育迟缓。

酒精不仅抑制大脑机能，而且抑制大脑生长。酒精胎儿的脑神经细胞也许不能正常发展，并且波及为数众多的脑细胞。当胎儿的脑生长最快的时候（怀孕的最后三个月），这种影响最强。另外，有证据表明，在怀孕期间饮任何度数的酒都有可能造成流产，也可能发生其他问题。

3.烟

已经有研究证明，吸烟对人类几乎没有好处。

4.母亲的情绪状态

最重要的是母亲的情绪状态对胎儿的影响，这也是很多人容易忽略的一个部分。

母亲的情绪变化会影响到胎儿，因为胎儿是寄生生活，通过脐带提供胎儿所需要的养分，所以母亲的状态直接影响到胎儿，尤其是母亲的去甲肾上腺素一高，胎儿肯定会很难受，甚至出现死亡。

母亲的情绪状态具体是怎样影响到胎儿的？举几个例子。

第一，精神紧张。有的人未婚先育，压力就特别大，紧张、焦虑，睡不着觉。压力大担心多，如果孩子生下来，肯定是有影响的。

第二，极端情绪。有位女士在怀孕七个半月的时候，丈夫不在家，一天晚上，一个17岁的小偷进来了。她发现小偷以后开始大叫。小偷就上去掐住她的脖子，直到她晕过去没反应了，才赶紧逃掉。后来家人发现了，把她送到医院。她慢慢醒过来，虽然大人没事，但是因为受到了严重的惊吓，孩子出生以后被诊断为自闭症。太高兴了也不好，突然中奖500万，哇，一下子高兴得不得了，这也是极端情绪。

母亲的情绪是怎样影响到胎儿的呢？当一个人心理状态很开心很快乐的时候，人体会自动分泌一种化学介质，叫吗啡类，如多巴胺、谷氨酸、乙酰胆碱等。这些化学介质有两大功能，一是提升人的免疫功能，让你不容易得病；二是加快人的新陈代谢。极端情绪来的时候同样会分泌一种化学介质，叫做去甲肾上腺素，它也有两大功能，一个是抑制吗啡类化学介质的分泌，人的免疫功能就会下降；另一个是减缓新陈代谢。所以当一个人特别紧张焦虑的时候，连饭也不想吃了。

母亲的极端情绪对胎儿的影响会达到多久？严重的情况下会影响孩子一辈子。很多患有精神疾病的孕妇可能就会在孕期把极端情绪传递给胎儿。

5. 母亲所处的环境对胎儿的影响

① 化学物质对胎儿的影响

② 辐射对胎儿的影响

③ 高空飞行对胎儿的影响

④ 父亲抽烟、喝酒对胎儿的影响

⑤ 父亲对母亲照顾的程度

⑥ 母亲所处的家庭环境，尤其是家庭成员关系的和谐程度

这里面有两点要特别注意。第一点是化学物质。一般来自饮食，如果含有超标的农药等，那就危险了，因为肯定对胎儿有影响。特别是水源，古人说一方水土养一方人，就是这个道理。第二点是辐射。手机辐射范围为一平方米。所以如果怀孕，最好不用手机，即使要用，也最好用耳机来接听。电脑的话，老式显示屏的辐射比较大，现在的液晶显示屏一般辐射比较小，电脑越老旧，辐射越大。电视机同样如此。家里用的微波炉辐射也很大，尤其是质量较差的微波炉。家里装修用的大理石是有辐射的，所以大家要记住今天讲的话，大理石是不能用作家庭装修的。当然，现在的地产商在开发房产的时候，会首先勘探房址的地下是否含有辐射矿源，如果有，这个地方是不能建房子的。另外还有高空飞行，在怀孕五个月以后，最好不要乘坐飞机了。不仅母亲不能抽烟喝酒，父亲也同样不能抽烟喝酒，否则会影响到胎儿。这些都是外在的环境。从软环境上来说，父亲对母亲照顾得越好，家庭环境越和谐，母亲的情绪越好，身体状态越佳，生出的孩子自然也越优秀。要生一个健康的孩子，我们可以概括为三句话：最佳的身体，最佳的时间，最佳的情绪。关于身体，我们一般以健康为标准，但是研究发现，怀孕之前如果双方都处在疲劳状态，这时候要孩子并不是最佳的。很多人在结婚之后暂时不打算要孩子，但性生活过于频繁，偶然发现怀孕了，这也不是最佳的时期。怎么理解情绪呢，也就是夫妻双方的感情达到最佳的状态。有的学生会问我，您看我的这个男朋

友怎么样？我就问她，你见到他的时候，激动不激动？她说没什么感觉。我就说还是赶紧拜拜吧，没感情还谈什么？有的女孩子会觉得，反正年龄也大了，怎么着也得嫁人，所以看着顺眼嫁掉就算了！这样一种心态下两个人的感情可能就不会很和谐，感情坎坷下生出的孩子肯定不会优质。

三、新生儿反射

新生儿：新生儿也叫新生婴儿，特指未满月的婴儿或出生至28天的孩子。

（一）无条件反射

关于无条件反射，大家要注意的是新生儿无条件反射出现的时机和类型。

胎儿一出生就表现出很多先天性的反射行为，大家看一下，0—3岁的小婴儿有70多种无条件反射，比较常见的有20多种。

对婴儿来说，这些无条件反射中有些是具有生物学意义的，称之为生存反射，比如呼吸反射、眨眼反射、觅食反射、瞳孔反射、吮吸反射、吞咽反射，等等。

还有的对婴儿的生存适应没有什么意义，只是我们人类进化的遗迹，我们称之为原始反射，比如巴宾斯基反射、手掌抓握反射、摩罗反射、游泳反射、行走反射，等等。不过，虽然原始反射对婴儿的生存没有什么作用，经过一段时间就会消失。但是，这些反射发生与消失的时间可以作为判断新生儿神经系统是否发育正常的指标。这句话要记住。现在有一类疾病，叫残缺儿童，比如唐氏综合征、脑瘫儿童、小儿麻痹症，等等。一般家长什么时候可以发现孩子患有上述病症？一般是在1岁左右发现，但是这个时候已经太晚了。我们有没有可能在孩子一出生就检验出来，及时采取弥补措施？如果发现孩子不正常，赶紧对孩子做训练，至少可以让他成为一个能够独立生活的人。用什么办法检验呢？最简单的办法是检查孩子是否具有无条件反射，比如抓握反射，看他能否做抓握的动作；再比如行走反射、巴宾斯基反射等。

足月产新生儿所表现出来的主要反射

名称	反应	发展和出现的时间	作用
生存反射			
呼吸反射	反复的吸气和呼气	终生	供应氧气，排出二氧化碳
眨眼反射	闭眼或眨眼	终生	保护眼睛免受强光和外界刺激的伤害
瞳孔反射	遇强光瞳孔收缩，在光线较弱的环境中瞳孔变大	终生	保护眼睛免受强光刺激，使视觉系统适应低亮度环境
觅食反射	把头转向刺激的方向	在出生头几个星期消失，被自主性的头部转动所取代	帮助婴儿寻找乳房或奶瓶
吮吸反射	吮吸进入口中的物体	终生	使婴儿摄取营养物质
吞咽反射	吞咽	终生	使婴儿摄取营养物质
原始反射			
巴宾斯基反射	当足底被抚摸时，会张开并弯曲脚趾	一般在8个月到1年时消失	它在出生时存在，第1年内消失，是神经系统正常发展的指标
手掌抓握反射	弯曲手指去抓接触婴儿手心的物体	一般在3、4个月之内消失，被自主性的抓握所取代	它在出生时存在，后来消失，是神经系统正常发展的指标
摩罗反射	巨大的声响或头部位置的突然变化导致婴儿向外甩胳膊，背呈弓形，然后两只胳膊并拢，好像去抓什么东西	胳膊动作和背部弓形变化在4到6个月消失；但是当遇到突然的声响和身体失去支撑时继续表现出惊吓反射，而且这种反射不会消失	它在出生时存在，后来消失，是神经系统正常发展的指标
游泳反射	浸入水中的婴儿四肢会主动划动，下意识地屏住呼吸（因此给身体一定的浮力）；游泳反射将使婴儿在水面漂浮一段时间，从而有利于开展抢救	在4—6个月时消失	它在出生时存在，后来消失，是神经系统正常发展的指标
行走反射	婴儿身体直立，脚触到平面，像走路一样向前移步	除非婴儿有很多机会锻炼这种反射，否则在出生后8周就消失	

注：早产儿的原始反射可能没有表现或很少表现出来，他们的生存反射可能较弱。但是，缺失的原始反射一般出生后不久即会出现，与正常产期出生的婴儿相比，原始反射消失的时间要晚一些。

资料来源：发展心理学——儿童与青少年（第六版），［美］David R.Shaffer著，邹泓等译，中国轻工业出版社，2005年。

（二）条件反射的建立

无条件反射在新生儿时期具有重要意义，那是否一直要持续下去呢？事实上，随着新生儿生理和心理机能的不断发育，无条件反射就显得力不从心了，这就需要建立条件反射来适应瞬息万变的环境。这是什么意思呢？小孩子要学会很多东西，仅仅依靠无条件反射是不行的。

第一个条件反射是母亲重复一个姿势喂婴儿吃奶时产生的，只要用同一个姿势一抱，他（她）就知道妈妈要给自己喂奶了，立刻做出准备吃奶的动作，这称为哺乳姿势条件反射，一般在出生后的10—20天产生。

另外，条件反射活动不仅是一种生理现象，还是一种心理现象，因此条件反射的建立通常被认为是心理发生的标志，也可以说新生儿期是个体心理发生的时期。

无条件反射：无条件反射是先天的、与生俱来的反射。无条件反射是机体和环境之间的比较恒定的联系。它是在种族发展过程中建立并遗传下来的，它只是那些为数有限的固定的直接刺激作用于一定的感受器引起的恒定的活动，基本上是皮层下中枢的活动。

条件反射：条件反射是后天的、在个体生活过程中获得的反射。条件反射是高等动物在无条件反射基础上形成的反射。条件反射又可分成经典性条件反射和工具性条件反射。

经典性条件反射：指一个原来并不能引起某种本能反射的中性刺激物，由于总是伴随某个能引起该本能反射的刺激物而出现，多次重复之后，这个中性刺激物也能引起该本能反射。巴甫洛夫称这种反射为条件反射或条件作用。后人称之为经典性条件反射或经典性条件作用。

工具性条件反射：又称操作性条件反射，是指在一定刺激情境中，如果动物的某种反应的后果能满足其某种需要，则以后它的这种反应出现的几率就会提高。

本章总结

▨ 主要内容

心理发展的生物学基础、胎儿的发育。

▨ 重点

胎儿发展的特点及影响因素、新生儿反射。

▨ 难点

胎儿正常发育的条件。

▨ 练习题

一、胎儿成长的基本特点是什么？

二、母亲影响胎儿成长的因素有哪些？我们应怎样避免畸胎的形成？

三、根据胎儿成长的特点应如何开展早期教育？

四、母亲的疾病会对胎儿造成危害吗？请举例说明。

五、请简要回答母亲所处环境的哪些因素会影响胎儿的发育。

六、两个都是双眼皮的夫妻为什么子女是单眼皮？两个都是单眼皮的夫妻为什么子女不可能是双眼皮？

七、试述母亲的极端情绪会对胎儿造成哪些影响。

八、举例说明新生儿反射对新生儿的心理发展和生存的意义。

沃老师说：梦想是用来放飞的，而不是攥在手里的。所谓“放飞”，也就是行动。梦想没有行动，就好比被人握在手里的氢气球，虽遥望蓝天，却永远无法与之相会。

第四章　婴儿心理的发展

本章知识结构：

- 婴儿心理的发展
  - 婴儿神经系统的发展
    - 婴儿大脑结构的发展
    - 婴儿大脑机能的发展
  - 婴儿动作和活动的发展
    - 动作发展的规律
    - 动作发展的顺序
    - 影响动作发展的因素
  - 婴儿言语的发展
  - 婴儿心理过程的发展
    - 婴儿感觉的发展
    - 婴儿知觉的发展
  - 婴儿气质的发展
    - 婴儿气质类型学说
    - 气质的稳定性与可变性
  - 婴儿的社会性发展
    - 婴儿的情绪发展
    - 婴儿的依恋
    - 早期同伴交往

在人一生的发展中，最重要的阶段是婴儿阶段——0—3岁。恰恰这个阶段，我们的父母亲是不注意的，认为孩子太小不懂事，从而忽视了。

人的大脑里有个平衡觉，晕车、恐高是因为平衡觉失衡。原因在哪里呢？大家如果学了普通心理学就会知道，耳朵里有个半规管，中间是液体，周围是毛细胞，身体的晃动刺激毛细胞将信息传递到小脑，再到大脑的前庭；如果刺激比较少，毛细胞的感受性就会很差，孩子的平衡觉就得不到锻炼。这个训练的关键期是在什么时候？0—6个月！

人生的成长有两次高峰，第一次是在0—3岁，第二次是青春期。第一，在婴儿神经系统的发展中，婴儿的大脑发育肯定是需要掌握的，很重要；第二，婴儿动作的发展；第三，语言；第四，基本心理过程；第五，气质类型，以及社会性发展、依恋等内容，要掌握。

第一节　婴儿神经系统的发展

一、婴儿大脑结构的发展

1.脑重与头围

脑重：出生时350—400g，6个月时700—800g，12个月时800—900g，24个月时1050—1150g，36个月时已接近成人脑重，15岁时达到成人水平。

头围：出生时34cm左右，12个月时46—47cm，24个月时48—49cm，10岁时才达52cm。

2.大脑皮质

胎儿6、7个月时，脑的基本结构就已具备。

出生时脑细胞已分化，细胞构筑区和层次化已基本上完成，大多数沟回都已出现，脑岛已被邻近脑叶掩盖，脑内基本感觉运动通路已髓鞘化（白质除外）。

什么叫髓鞘化？简单地说，就是大脑里有很多的神经网络，每一个神经网络之间是相互连通的，相当于电线裸露在外面的状态，所以小孩子控制性不太好。在髓鞘化之后，神经外面会有一层类似绝缘的东西包上去，不再互相串联，所以孩子的控制性就会变好。髓鞘化通过两个活动来完成，第一个是营养，第二个是学习和运动。

到2岁时，脑及其各部分的相对大小和比例，已基本上类似于成人大脑。

大脑的髓鞘化程度是婴儿脑细胞成熟状态的一个重要指标。

二、婴儿大脑机能的发展

1. 脑电图

一般来说，我们检测婴儿大脑的机能，是通过什么方式呢？主要是通过脑电图，5个月的胎儿已显示出脑电活动。脑电图主要的指标是看α波，同步节律波α波常作为婴儿脑成熟的标志。

2. 皮质中枢

婴儿大脑是按照其基因结构的顺序而发展的，遵循着头尾原则和近远原则。

3. 大脑单侧化

大脑单侧化就是在其大脑的某个半球建立特定功能的过程。比如说，对于多数右利手婴儿来说，其语言功能逐渐定位于左半球的过程就是一种单侧化进程。

第二节 婴儿动作和活动的发展

这一节重点要掌握动作发展的规律，以及动作发展的理论。评价早期智力，尤其是0—3岁孩子的智力指标，主要看什么？第一是动作，第二是言语。

一、动作发展的规律

宝宝的动作发展有着特定的规律，简单来说，一般遵循以下规律。

1. 上下规律（也称头尾规律）

意思是发展的顺序是自上而下，由近及远。宝宝首先是会呼吸，而后是眼的协调，随后是抬头、取物、站立、下蹲、行走。

2. 集中规律（或称由集中到泛化规律）

3—4个月的宝宝见物只会手舞足蹈，张口流涎。这就是说宝宝的动作首先由身体中轴线开始，然后向四周发展，直到手指、脚趾。虽然宝宝会抓玩具玩耍，但一般要到8—9个月后才会用拇指和食指取东西。

3. 协调规律

宝宝从出生一直到3个月动作都是不协调的。4—5个月的宝宝坐在成人腿上想取物时，身躯与手的动作也不协调，到7个月的时候才会弯腰取物，缩短手与物之间的距离。

4. 正方规律

宝宝具有积极意义的技能发展往往优先于相反技能的发展。譬如小儿先会握，然后才会放；先由坐位起立，后由立位坐下；先向前走，后能止步，最后才能后退。

要注意的是，宝宝各项运动和技巧的发展，并不总是以平均速度进行的，而往往是交叉、互相促进、优势飞跃的。

二、动作发展的顺序

宝宝动作发展主要有两方面的内容，一是行走动作的发展和手运用机能的发展。就全身动作来说，2个多月可以抬头，4个多月可以翻身，等等，这是相对的发展顺序，会存在个体差异，有的宝宝会提前一点，有的宝宝会落后一点。

小儿麻痹症、脑瘫。这两类疾病都会导致孩子以后存在行走障碍或不会走路，但是如果发现得早，及时干预，多做训练，孩子的病情会有较大好转，只可惜很多时候一旦发现，已经太晚了。那么孩子出生以后可不可以较早地检测出疾病？

告诉大家几个最简单的方法。第一个方法是检测孩子是否具有巴宾斯基反射，也就是说当你用手指抚摸或轻轻抓挠新生儿的脚心时，新生儿的表现是拇趾背屈，其余四趾呈扇形张开。如果不管怎么抓挠孩子都没有反应，那就有问题了。第二个方法是检测孩子是否具有行走反射。方法是双手托在新生儿双臂的下面，使之处于直立状态，并让他的双脚接触坚实的表面（如桌面），这时新生儿会移动他的双腿，做出走路或迈步的动作，好像迈步要走的样子。如果孩子没有做出行走的动作，而是被拖过去，就说明不正常，家长这时要注意了。

如果发现孩子不正常，在0－8个月期间做动作训练，孩子还是完全有希望康复的，因为婴儿期尤其是1岁以内的孩子大脑的可塑性非常强，但是一旦过了这个时期，再做训练效果就不好了。

3岁前儿童全身动作发展顺序

顺序	动作项目名称	年龄（月）	顺序	动作项目名称	年龄（月）
1	稍微抬头	2.1	25	自蹲自如	16.5
2	头转动自如	2.6	26	独走自如	16.9
3	抬头及肩	2.7	27	扶物过障碍物	19.4
4	翻身一半	4.3	28	能跑但不稳	20.5
5	扶坐竖直	4.7	29	双手扶栏上楼	23.0
6	手肘支床胸离床面	4.8	30	双手扶栏下楼	23.2
7	仰卧翻身	5.5	31	扶双手双脚跳稍微跳起	23.7
8	独坐前倾	5.8	32	扶一手双脚跳稍微跳起	24.2
9	扶腋下站	6.1	33	独自双脚跳稍微跳起	25.4

10	独坐片刻	6.6	34	能跑	25.7
11	蠕动打转	7.2	35	扶双手单足站不稳	25.8
12	扶双手站	7.2	36	一手扶栏下楼	25.8
13	俯卧翻身	7.3	37	独自过障碍棒	26.0
14	独坐自如	7.3	38	一手扶栏上楼	26.2
15	给助力爬	8.1	39	扶双手双脚跳好	26.7
16	从卧位坐起	9.3	40	扶一手单足站不稳	26.9
17	独自能爬	9.4	41	扶一手双脚跳好	29.2
18	扶一手站	10.0	42	扶双手单足站好	29.3
19	扶两手走	10.1	43	独自双脚跳好	30.5
20	扶物能蹲	11.2	44	扶双手单脚跳稍微跳起	30.6
21	扶一手走	11.3	45	手臂举起有抛掷姿势的抛掷	30.9
22	独站片刻	12.4	46	扶一手单足站好	32.3
23	独站自如	15.4	47	独自单足站不稳	34.1
24	独走几步	15.6	48	扶一手单脚跳稍微跳起	34.3

资料来源：林崇德：《发展心理学》，人民教育出版社，1995年版，第152页。

儿童大运动动作发展顺序

顺序	动作项目名称	年龄（月）	顺序	动作项目名称	年龄（月）
1	俯卧举头	1.5	16	弯腰再站起来	12.0
2	俯卧、头抬45°	2.1	17	走得好	13.7
3	坐，头稳定	2.8	18	走，能向后退	15.7
4	俯卧、头抬90°	2.9	19	会上台阶	17.5
5	俯卧抬胸手臂能支持	2.9	20	举手过肩扔球	18.2
6	拉坐、头不滞后	3.6	21	踢球	18.6
7	腿能支持一点重量	3.7	22	双足并跳	23.9

8	翻身	4.5	23	独脚站1秒钟	28.0
9	不支持的坐	6.4	24	跳远	27.8
10	扶东西站	7.0	25	独脚站5秒钟	33.3
11	拉物站起	8.6	26	独角站10秒钟	38.1
12	能自己坐下	8.7	27	独脚跳	40.2
13	扶家具可走	9.4	28	抓住蹦跳的球	46.3
14	能站瞬息	9.9	29	脚跟对脚尖地向前走	47.0
15	独站	11.5	30	脚跟对脚尖地退着走	51.9

资料来源：林崇德：《发展心理学》，人民教育出版社，1995年版，第153页。

3岁前儿童手的动作发展顺序

顺序	动作项目名称	年龄（月）	顺序	动作项目名称	年龄（月）
1	抓住不放	4.7	11	堆积木6—10块	23
2	能抓住面前玩具	6.1	12	用匙稍外溢	24.1
3	能用拇指食指拿	6.4	13	脱鞋袜	26.2
4	能松手	7.5	14	穿珠	27.8
5	传递（倒手）	7.6	15	折纸长方形近似	29.2
6	能拿起前面玩具	7.9	16	独自用匙好	29.3
7	从瓶中倒出小球	10.1	17	画横线近似	29.5
8	堆积木2—5块	15.4	18	一手端碗	30.1
9	用匙外溢	18.6	19	折纸正方形近似	31.5
10	用双手端碗	21.6	20	画圆形近似	32.1

资料来源：林崇德：《发展心理学》，人民教育出版社，1995年版，第154页。

儿童精细动作—适应性的发展

顺序	动作项目名称	年龄（月）	顺序	动作项目名称	年龄（月）
1	跟至中线	1.0	16	搭两层塔	13.9

2	跟过中线	1.5	17	自发地乱画	14.6
3	跟180°	2.2	18	从瓶中倒出小丸—自发地	17.7
4	抓住拨浪鼓	2.7	19	搭四层塔	17.8
5	两手握在一起	3.2	20	搭八层塔	23.5
6	注意葡萄干	3.8	21	模仿画直线	26.9
7	伸手够东西	5.6	22	模仿搭桥	28.9
8	将方积木在手中传递	5.6	23	会挑出较长的线段	33.9
9	坐着拿两块积木	5.8	24	模仿画“O”形	35.4
10	把弄小丸拿到了	6.3	25	模仿画“+”形	38.7
11	坐着找绒球	6.4	26	画人画了三处	40.2
12	拇指抓握	7.9	27	模仿画“□”形	40.4
13	将手中拿的方积木对敲	8.6	28	会复制“□”形	49.7
14	拇—食指抓握	10.5	29	画人画了六处	50.4
15	从瓶中倒出小丸	13.7			

资料来源：林崇德：《发展心理学》，人民教育出版社，1995年版，第154页。

三、动作训练的意义

关于动作训练的意义，多年的研究发现，经过爬行动作训练的孩子比没有经过爬行动作训练的孩子，智商上最高可高出20分左右。

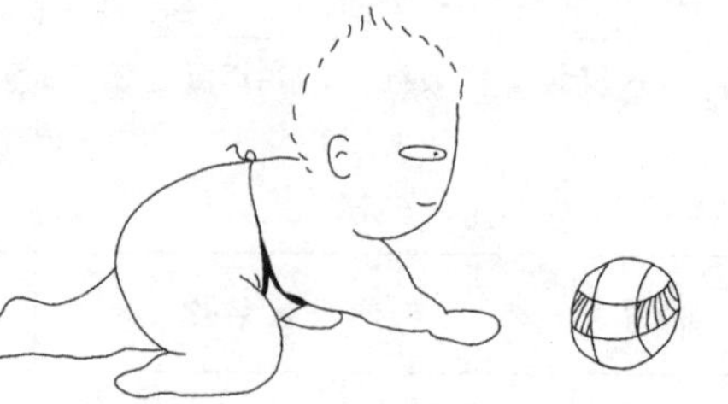

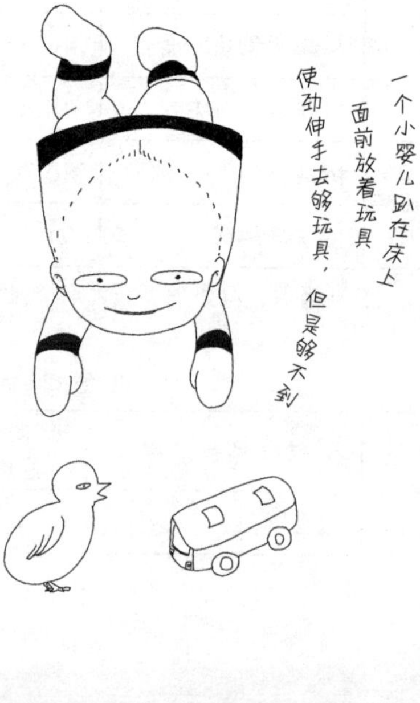

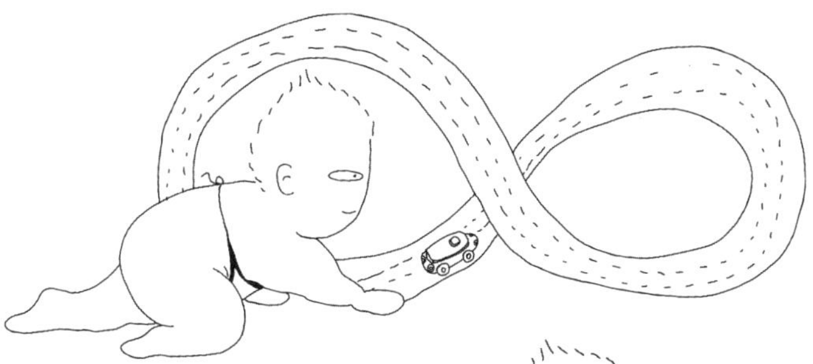

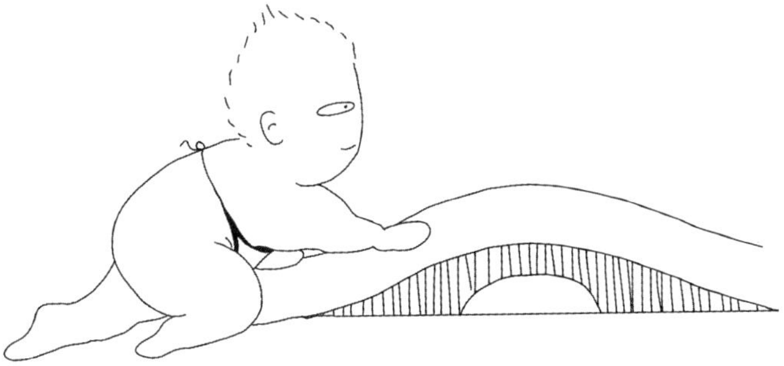

四、关于动作发展对心理发展重要意义的理论之争

（一）“预先成熟”与“可能成熟”之争

“预先成熟论”认为，动作是“预先成熟”的结果，后天（运动）经验在动作发展中只扮演最普通的支持者角色。

“可能成熟论”认为，机能的发展可以引发或转换出新的结构来。也就是说，适当的训练可以促进心理发展。

“预先成熟论”认为，运动经验只是加速或提前了心理发展，动作发展促进了心理的发展，故被称为“助长论者”。

“可能成熟论”认为，运动经验是心理发展的必要前提，动作发展“诱导”心理发展，故被称为“诱导论者”。

（二）助长与诱导之争

康波斯和克尔缅（Campos & Kermoian，1983）对运动经验在婴儿空间认知发展中的作用进行了一系列研究，发现运动经验在婴儿空间认知发展中具有功能性影响。

卡兰德（Garland，1982）对动作在社会交流能力发展中的作用进行的研究表明，运动经验在婴儿社会交流能力发展中有可能起着“诱导”作用。

总的来说，我们认为，正是动作及动作本身的发展，才使婴儿在与客体不断相互作用的过程中建构自我和客体的概念，并产生自我意识和最初的主客体之间的分化。动作在婴儿心理发展过程中既有诱导作用，又有促进作用。

五、影响动作发展的因素

影响婴儿动作发展的因素有哪些呢？我们来看一下，有这样几个因素。

（一）成熟与学习在动作发展中的作用

成熟与学习都是动作发展的重要原因，并且在儿童早期动作发展中两者是共同起作用的。

成熟即生理因素的成长，也就是身体的发育。而学习，指的是婴儿在后天社会环境中的学习。

（二）环境对儿童动作发展的重要影响

宏观环境特征比如气候，和微观环境特征比如家庭环境，都是影响儿童动作发展的重要因素。

（三）生长发育与动作的发展

个体身体各部位的变化必然引起其动作行为的变化。

（四）影响动作发展的认知因素

认知系统在帮助儿童获得和应用动作技巧的过程中发挥着重要作用。

第三节 婴儿言语的发展

婴儿言语的发展有哪些基本特点呢？

首先来看看婴儿言语发展理论，这个大家要掌握。

一、婴儿言语发展理论

（一）语言与言语基本过程

我觉得区分“语言”和“言语”最好的方法是

记住：语言是名词，而言语是动词！

语言是以词为基本单位、以语法为构造规则而组成的一种符号系统。它具有社会性和生成性等其他符号系统所没有的特性。索绪尔（Saussure, 1857—1913）区分了语言和言语。言语即“实际的话语”，也就是使用语言的过程。言语过程（speech process）主要包括言语感知、言语理解和言语表达三方面。

（二）婴儿言语发生发展的内在机制

婴儿言语发展理论有转换生成说、强化说、模仿说以及认知学说，大家要记住每一种学说对语言产生的观点和理解是什么。现在占主导地位的是乔姆斯基的转换生成说。

1.转换生成说

乔姆斯基（Noam Chomsky，1957）认为：①语言是利用规则去理解和创造的，而不是通过模仿和强化得来的；②语法是生成的；③每一个句子都有其深层和表层结构。

2.强化说

巴甫洛夫和斯金纳都认为，言语的获得就是条件反射（无论是操作性还是经典性）的建立，而强化在这一过程中起着非常重要的作用。

3.模仿说

阿尔波特（Allport，1924）认为，婴儿语言只是对成人语言的模仿，是成人语言的简单翻版。怀特赫斯特（Whitehurst，1975）提出了“选择性模仿”的新概念。

选择性模仿是指婴儿对成人言语的模仿是有所改造、有所选择的。

4.认知说

以皮亚杰为代表的认知发展理论强调环境与主体相互作用对言语发生和发展的重要影响。

二、前言语的发展

在小孩子掌握语言以前，有一个较长的言语发生的准备阶段，称为“前言语阶段”。一般来说，我们把婴儿从出生到第一个具有真正意义的词产生之前的这一时期叫做前言语阶段。

（一）言语知觉的前言语发展

婴儿言语知觉的前言语发展的五个阶段：

1.妊娠中、后期（5—8个月）

胎儿已有了初步的听觉反应和原始的听觉记忆能力，能大致区分出乐音、噪音和语音，并表现出对母亲语音的偏爱。

2.新生儿期（0—1个月）

婴儿已能对声音进行空间定位，并能根据声音的物理特征来辨别各种声音的细微差别。

3.发音游戏期（2—3、4个月）

婴儿已开始理解言语活动中的某些交往信息，能和成人进行“互相模仿”式的“发音游戏”，能够鉴别区分并模仿成人语音，并能辨别消浊辅音，获得了语音范畴性知觉能力。

4.语音修正期（5—8、9个月）

婴儿已能鉴别言语的节奏和语调特征，并开始根据其周围语音环境改造、修正自己的语音体系。

5.学话萌芽期（9—12个月）

婴儿已能辨别母语中的各种音素，能把听到的语音转换为音素并认识到这些语音所代表的意义。

（二）语音的前言语发展

婴儿语音的前言语发展，就国内的研究来说，有不同的划分方法。我国学者朱曼殊、张仁俊对我国儿童掌握汉语过程中的语音发展情况的研究（1987）发现，前言语阶段的语音发展大致可以分为三个阶段：

1.单音节阶段（0—4个月）；

2.多音节阶段（4—10个月）；

3.学话萌芽阶段（11—12个月）。

（三）前言语交流的发展

所谓前言语交流，指的是婴儿在能够用语言进行交流之前的这一年里，能够采用一些特定的声音和姿态进行信息交流，这就是“前言语交流”。它们同样具备了言语的三大基本特性，即目的性、约定性和指代性。

1.前言语交流的目的性

研究发现，婴儿9个月时即能有目的或有计划地进行交流，其标志是“原始祈使”和“原始陈述”行为的产生，而后者包括“呈示”和“给予”两种行为。

2.前言语交流的指代性

指示是前言语交流指代性的典型外在表现，在前言语交流过程中扮演着特殊而重要的角色。

3.前言语交流的约定性

有关研究人员认为，婴儿9个月时出现的工具性行为的仪式化现象，实质上是婴儿语言交流约定性的最原始的开端。婴儿主要是通过模仿和仪式化这两个途径来学习、掌握语言系统中的约定性指代关系的。出生后头半年里，婴儿就可通过操作条件反射而逐渐实现其交流行为的仪式化过程；9个月时，能真正通过模仿而学习掌握各种约定性。

在这三个特点的发展过程中，孩子是先听懂，然后会说。从听懂到会说要到1岁左右。

这对我们现代人学外语也很有启示，我们很多人学外语的顺序是反着来的，拼命背单词，英文也看得懂，但是说不出来，也听不懂，称为“哑巴英语”。所以，学外语最好也遵循“听、说、读、写”的顺序来学习。

三、言语的发生

关于婴儿言语发生及其标志问题，目前仍存在激烈争论。欧美心理学家认为，婴儿说出第一个与某一事物有特定指代关系的母语中的词，就标志着言语的发生，时间约在出生后9—11个月。我国心理学家认为，婴儿最早说出的具有概括性意义的词，才是言语发生的标志，时间大约在出生后11—13个月。综合多种研究材料，可以发现由于个体间有着较大的差异，婴儿言语发生的时间基本是在出生后10—14个月之间。

（一）第一批词的产生及其生态学分析

婴儿最早可以在出生后9个月时说出第一个有特定意义的词语，最晚则在16个月时。有很多的研究，在这里我们就不多说了。

在对这第一批词进行生态学研究之后，巴雷特等发现，它们具有很强的场合约定性，即它们只能用来指代很有限的某个特定情景（场合）下发生（或出现）的某一特定事物，还不具备概括性意义，只具备原始的指代性、对应式的象征性和一定的交流意义，就好像是某一特定场合下特定事物的伴随物一样。但是，巴雷特等人进一步研究发现，在婴儿说出的第一批词中，有一些已具备了概括性意义。这一发现表明，在言语发生过程中婴儿之间也存在着较大的个体差异，它推翻了“第一批词不具概括意义”的结论，并将严格意义上的词语发生的时间推进到出生后10个月。

（二）词语的获得与运用

在言语发生阶段，婴儿词语的获得与运用主要有以下三方面体现。

1.继续掌握一些场合限制性较强的词。

2.已掌握的词开始摆脱场合限制性，获得初步的概括意义。

3.开始直接掌握一些具有概括性和指代性功能的词语。其中，词语的场合限制性是婴儿真正掌握词语、获得概念的

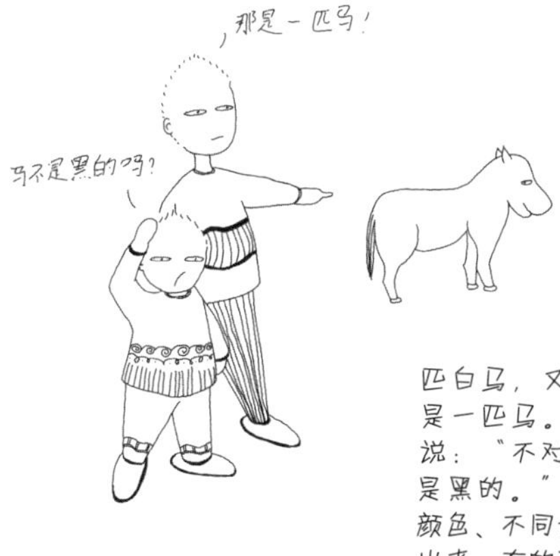

场合限制性

什么叫场合限制性？比如我们第一次指着一匹黑色的马告诉孩子：“这是一匹马，颜色是黑的。”以后走在大街上，突然看到一匹白马，又告诉孩子：“这是一匹马。”这时候孩子会说：“不对，这不是马，马是黑的。”孩子不会把不同颜色、不同大小的马同时概括出来。有的孩子甚至会把驴也当成马。

重要途径。其外在表现为，原本只用于特定场合、特定事物的词语，现在迁移、运用到与此事物有关的不同场合。

四、言语的发展

我们再来看看第四个方面，婴儿言语的发展。

10—15个月期间，婴儿平均每个月掌握1—3个新词。随后掌握新词的速度显著加快，19个月时已能说出约50个词。再往后，婴儿掌握新词的速度突然加快，平均每个月掌握25个新词，这就是19—21个月时的“词语爆炸”现象。在此后的2个月内，婴儿说出第一批有一定声调的“双词句”，从而结束了单词句阶段，而进入词的联合和语法生成时期。

（一）双词句的生成及其机制

不仅是单纯的两个字的词语，婴儿表达的双词句，已经具备语句的主要基本成分，能够表达一定的意思了。有时是叠词，比如“帽帽”、“狗狗”。孩子说“帽帽”、“狗狗”，其实是想表达：“我想要帽帽”、“这是一只小狗”。有些更像是电报句，比如“妈妈，饼干”、“妈妈，水”、“嘿，气球”，等等。

（二）语法的获得

大量研究表明，20—30个月是婴儿基本掌握语法的关键期。而到30个月时，婴儿已基本上掌握了母语的语法规则系统，成为一个颇具表达能力的“谈话者”。

在婴儿掌握语法规则的过程中，普遍存在一种“过度规则化”或“规则扩大化”现象，这与婴儿“自我中心思维”的绝对性有关。

第四节　婴儿心理过程的发展

一、婴儿感觉的发展

在婴儿的认知能力中，感知觉是最先发展且发展速度最快的一个领域，它在婴儿认知活动中一直占主导地位。

1. 视觉的产生与发展

（1）视觉的产生

视觉在没出生之前就产生了。视觉最初发生的时间在胎儿中晚期，4、5个月时胎儿即已有了视觉反应能力以及相应的生理基础。新生儿已具备一定的视觉能力，获得了基本视觉过程，视敏度达20/200—20/400，并具备了原始的颜色视觉。

(2) 立体觉的发展

婴儿至少在6个月以前已确实具有了立体觉。还有研究认为，3.5个月时婴儿就已有明显的立体觉了。

(3) 颜色视觉的发展

2—4个月时婴儿的颜色知觉已发展得很好。4个月时已表现出对某种颜色的偏爱，且已具有正确的颜色范畴性知觉，其颜色视觉的基本功能已接近成人水平。

怎样判断新生儿是否具有颜色视觉？

研究婴儿是否具备颜色视觉采用的方法是“习惯化”和“去习惯化”。因为孩子不会说话，具体怎么操作呢？方法是先给孩子呈现一张红颜色的纸，孩子会很好奇地盯着看，但是时间长了以后，不管你怎么拿着这张红纸来逗他（她），他（她）都不来理你了，好像厌烦了一样，这叫“习惯化”。这时候再拿一张绿色的纸给孩子看，“咦”？孩子会觉得很好玩，又开始盯着看了，这个过程叫“去习惯化”。大家想一想，这时候孩子是否具备了辨别红色与绿色的能力？如果无法辨别颜色，看什么都一样，就不会产生变化。

2.听觉的产生与发展

(1) 听觉的产生

最新研究表明，5、6个月时胎儿即已开始建立听觉系统，可以听到透过母体的1000Hz以下的声音。不管怎么说，正常健康婴儿一生下来就有听觉（至少可以肯定是在出生后24小时以内），听觉可以说是与生俱来的。

(2) 听敏度的发展

1个月时婴儿已能鉴别200Hz与500Hz纯音之间的差异。5—8个月时婴儿在1000—3000Hz范围内能觉察出声频的2%的变化（成人是1%），在400—8000Hz内的差别阈限与成人水平相同。

(3) 视听协调能力的发展

婴儿视听协调能力的发展是一个比较重要的知识点，大家要记住。刚出生的婴儿就有最基本的视听协调能力。3—6个月时婴儿的视听协调能力已发展到能使他判别视、听信息是否一致的水平。

3. 味觉、嗅觉和触觉的产生与发展

（1）味觉的产生与发展

味觉感受器在胚胎3个月时开始发育，15周时已初步成熟且能发挥作用。从4个月开始已能受到足够的味觉刺激，出生时味觉已发育得相当完好，并在其防御反射机制中占有相当重要的地位。新生儿已明显“偏爱”甜食，且对甜、酸、苦和白水的面部表情已明显不同。

味觉在婴儿和儿童时期最发达，以后逐渐衰退，这与味觉在人类种系演化进程中的趋势是一致的。

（2）嗅觉的产生与发展

胎儿7、8个月时嗅觉感受器已相当成熟且有了初步的嗅觉反应能力，已能大致区别几种不同的气味。

新生儿已能对各种气味做出相应的典型反应，如“喜爱”好闻的气味等，还能够由嗅觉建立食物性条件反射，并有初步的嗅觉空间定位能力。

（3）触觉的产生与发展

胎儿在第49天时就已经具有初步的触觉反应，2个月时能对细而尖的刺激产生反应活动。新生儿已能凭口腔触觉辨别软硬不同的乳头，4个月时则能同时辨别不同形状和软硬程度的乳头。

手的本能性触觉反应在婴儿刚出生时便可表现出来，4个月以后的婴儿则具有了成熟的够物行为，视触协调能力已发展起来。

二、婴儿知觉的发展

空间知觉——“视崖实验”，用来研究婴儿的深度知觉。

人类深度知觉能力是天生的吗？为弄清这个问题，吉布森和沃克发明了“视崖”装置。他们把婴儿或小动物放在视崖上，观察他们是否能知觉这种悬崖并进行躲避。

视崖装置的组成：一张1.2米高的桌子，顶部是一块透明的厚玻璃，桌子的一半（浅滩）是用红白格图案组成的结实桌面。另一半是同样的图案，但它在桌面下方的地板上（深渊）。在浅滩边上，图案垂直降到地面，虽然从上面看是直落到地的，但实际上有玻璃贯穿整个桌面。在浅滩和深渊的中间是一块0.3米宽的中间板。使用这种装置对婴儿施测的过程十分简单。

近来“视崖”装置已被用来研究婴儿的（深度）恐惧感。

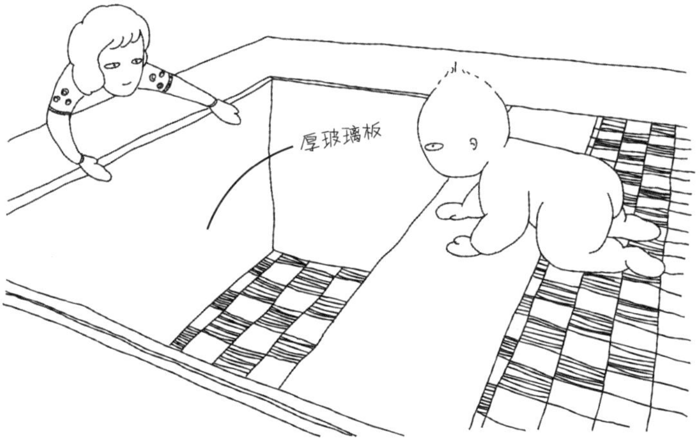

这项研究的被试是36名年龄在6－14个月之间的婴儿。这些婴儿的母亲也参加实验。每个婴儿都被放在视崖的中间板上，先让母亲在深的一侧呼唤自己的孩子，然后再在浅的一侧呼唤自己的孩子。

为了比较人类与小动物的深度知觉能力，对其他种类的动物也进行了视崖实验（当然没有母亲的招手吸引）。这些动物被放在视崖的中间"地带"，观察它们是否能区别浅滩和深渊，以避免摔下"悬崖"。

吉布森和沃克发明的视崖装置，如今在研究人类发展、认知、情结甚至心理健康等方面，都发挥着重要的影响。

1. 方位知觉的产生发展

婴儿对外界事物的方位知觉是以自身为中心进行定位的。刚刚出生的新生儿就具有基本的听觉定向能力，并成为婴儿早期空间定向的主导形式。

2. 距离知觉的产生发展

新生儿已能对逼近物有某种初步反应，并具备原始的深度知觉。2—3个月时已有了对来物的保护性闭眼反应。

两三个月的婴儿已经具备了躲避来物的能力，表现是出现对来物的保护性闭眼反应。不过，刚出生的新生儿就已经有了对逼近物体的某种初步反应，并且具备原始的深度知觉。

第五节 婴儿气质的发展

一、婴儿气质类型学说

(一) 传统的四重类型说

传统的四重类型说将人类气质分为以下四种最基本的类型：

1. 多血质
2. 胆汁质
3. 黏液质
4. 抑郁质

多血质

感受性较强，反应性、兴奋性、平衡性很强。可塑性大，外倾，爱交际。灵活性高，反应速度很快。

胆汁质

感受性很弱，反应性和主动性很强，兴奋比抑制占优势。刻板，外倾。情绪兴奋性强，反应速度很快，不灵活。

黏液质

感受性很弱。反应性很弱，主动性很强。不灵活，内倾。情绪兴奋性弱，反应速度缓慢。

抑郁质

感受性很强，反应性和主动性弱。刻板，内倾。兴奋性强，情绪抑郁，反应速度缓慢，不灵活。

(二) 巴甫洛夫高级神经活动类型说

巴甫洛夫（I.P.Pavlovian）认为，高级神经活动三种基本特性的不同结合，可以形成四种高级神经活动类型。其中三种是强型，一种是弱型。

强型又可分为平衡与不平衡型。平衡型又可分为灵活型与不灵活型。

相应于这四种高级神经活动类型，根据其在人的心理活动和行为中的不同表现，可以将人的气质划分为四种不同的类型：

弱型——抑郁质；

强而不平衡型——胆汁质；
强而不灵活型——黏液质；
强而灵活型——多血质。

（三）托马斯—切斯的三类型说

1.容易型

2.困难型

3.迟缓型

托马斯、切斯等人根据他们确立的气质九维度标准（活动水平、节律性、趋避性、适应性、反应强度、心境、持久性、注意分散、反应阈），将婴儿的气质类型划分为以下三种：

1.容易型

大多数婴儿属于这一类型，约占40%。这类婴儿的吃、喝、睡等生理机能有规律，节奏明显，容易适应新环境，也容易接受新事物和不熟悉的人，他们情绪一般积极、愉快，爱玩，对成人的交往行为反应积极。由于他们生活规律、情绪愉快且对成人的抚养活动提供大量的积极反馈（强化），因而容易受到成人最大的关怀和喜爱。

2.困难型

这一类婴儿人数较少，约占10%。他们突出的特点是时常大声哭闹，烦躁易怒，爱发脾气，不易安抚。在饮食、睡眠等生理机能活动方面缺乏规律性，对新食物、新事物、新环境接受很慢。他们的情绪总是不好，在游戏中也不愉快。成人需要费很大的力气才能使他们接受抚爱，很难得到他们的正面反馈。由于这类孩子对父母来说是一个较大的麻烦，在养育过程中容易使亲子关系疏远，因此需要成人极大的耐心和宽容。

3.迟缓型

约有15%的婴儿属于这一类型。他们的活动水平很低，行为反应强度很弱，情绪总是消极、不甚愉快，但也不像困难型婴儿那样总是大声哭闹，而是常常安静地退缩，情绪低落；逃避新事物、新刺激，对外界环境和事物的变化适应较慢。但在没有压力的情况下，他们也会对新刺激缓慢地发生兴趣，在新情境中能逐渐地活跃起来。这一类儿童随着年龄的增长，随成人抚爱和教育情况不同而发生分化。

以上三种类型只涵盖了约65%的儿童，另有35%的婴儿不能简单地划归到上述任何一种气质类型中去。他们往往具有上述两种或三种气质类型的混合特点，属于上述类型中的中间型或过渡（交叉）型。

（四）布雷泽尔顿的气质三类型说

布雷泽尔顿（1969）将婴儿气质划分为三种基本类型：

1. 一般型
2. 活泼型
3. 安静型

1. 活泼型

典型的活泼型婴儿是名副其实的“连哭带闹”地来到人世的。他不像一般婴儿那样要靠外力帮助才哭，他等不及任何外界刺激就开始呼吸和哭喊。护士给他穿衣服时他大喊大叫，脚挺直，或用脚踢、用手推护士。睡醒后立即就哭，从深睡到大哭之间似乎没有较长的过渡阶段。每次喂奶对母亲来说都是一场战斗。

2. 安静型

这类婴儿从出生时起就不活跃。出生后就安安静静地躺在小床上，很少哭，动作柔和、缓慢，眼睛睁得大大的，四处环视。第一次洗澡时他也只是睁大眼睛、皱皱眉，没有惊吓也不哭，甚至连打针时也较安静而不大闹。

3. 一般型

这类婴儿介于前两类之间。大多数婴儿都属于这一类。布雷泽尔顿指出，活泼型和安静型婴儿的父母常常忧虑自己孩子的身心是否正常，其实这是没有必要的，婴儿的气质是各不相同的，但这些婴儿都是正常儿童。

（五）巴斯的活动特性说

1. 情绪性婴儿
2. 活动性婴儿
3. 社交性婴儿
4. 冲动性婴儿

巴斯和普罗敏（Buss & Plomin，1984）根据婴儿在各种类型活动中的不同倾向性，将其划分为活动性、情绪性、社交性和冲动性四种不同气质类型，认为这四种气质类型各具有不同的行为特征。

1. 情绪性婴儿

这类婴儿常通过行为或心理生理变化而表现出悲伤、恐惧或愤怒的反应。与其他婴儿相比，他可能对更细微的厌恶性刺激做出反应并且不易被安抚下来。他们的恐惧水平和愤怒水平之间存在负相关。其中有一部分情绪性婴儿的主导情绪也许是恐惧，并伴随一般的唤起水平或悲伤水平；而另一部分婴儿的主导情绪也许是愤怒，同时较少恐惧和悲伤。

2. 活动性婴儿

总是忙于探索外在世界和做一些大肌肉运动，乐于并经常从事一些运动性游戏。其中一些活动性婴儿会显得很霸道，经常与人争吵；而另一些婴儿则常从事一些有益而富有刺激性、启发性但不带攻击性的活动。活动性婴儿比其他类型婴儿更易引起与他人的冲突，而导致成人对其采取限制、干预或强制性行为。巴斯认为，活动性婴儿在儿童期表现为坐不住、爱活动，而到青年期则表现为精力充沛、活动能力强、有事业心、竞争心强等。

3. 社交性婴儿

这类婴儿常愿意与不同的人接触，不愿独处，在社会交往中反应积极，在追求家庭成员或不相关人员的接纳上同样积极。但是他们这种强烈的社交要求常会受到挫折或伤害，有时甚至被作为神经过敏而遭拒绝。

4. 冲动性婴儿

突出表现为在各种场合或活动中极易冲动，情绪、行为缺乏控制，行为反应的产生、转换和消失都很快。这类婴儿的活动、情绪都不稳定而多变化，冲动性强。

（六）卡根的抑制一非抑制说

卡根把婴儿划分为两种气质类型，即抑制型和非抑制型。抑制型婴儿的主要特征是拘束克制、谨慎小心和温和谦让；而非抑制型婴儿则相反，他们无拘无束、自由自在、精力旺盛、自发冲动。婴儿的这些不同的行为反应主要并集中地体现在他们对“不确定性”的反应中。

最典型的划分法是托马斯一切斯的划分法：容易型、困难型、迟缓型。虽然目前关于婴儿气质类型的划分及其特征问题还未达成明确共识，但相对来说，托马斯一切斯的气质理论目前在婴儿心理学界的影响最为普遍，也最具有代表性，因为它较细致深入地揭示了婴儿的气质类型和特点，更为贴近婴儿气质或行为、情绪反应的实际。

我们如何根据婴儿的气质特点开展早期教育呢？大家想一想。一般来说，容易型的孩子生活比较有规律，比较好养。困难型的孩子最难养，困难型孩子如果早期没有养好，日常生活习惯没有很好地养成的话，跟父母亲就可能会起冲突，脾气暴躁。迟缓型的孩子适应环境的速度比较慢，所以在孩子接触新事物的时候，一定要小心，不要强制，否则孩子的胆量会变得很小，长大以后就比较内向、不自信。

二、气质的稳定性与可变性

气质是先天的，总体来说，婴儿的气质是稳定的，除非把孩子放在特殊的环境中加以改变。婴儿气质的稳定性和可变性是统一的，有很多研究都证明了这一点。比如说有人曾采用几种客观手段观察、测量和评估新生儿的活动性和哭的个体差异，结果还是发现存在一种日益增长的稳定性，并且发现这些差异均不受出生环境的影响。还有人对同卵双生子T和D进行了长达14年的追踪研究，结果发现，T和D的气质发展几乎表现出首尾一致的个体差异，而且这些差异在14年间表现出较强的稳定性和连续性。

还有人研究发现，一个在30个月时属于极端抑制型的男孩，由于家庭教养和后天环境的影响，到5岁时转变为一个非抑制型儿童，研究者认为这可能主要是社会化使然。

既然婴儿的气质一方面是稳定的，另一方面是可变的，那么如果母亲是比较内向的，孩子又属于迟缓型的，那么家庭中最好有另一个比较外向的人来一起抚养孩子，会比较好。对于困难型的孩子，如果母亲对孩子的敏感性不够，那么跟孩子之间一定会起冲突，所以母亲最好提高敏感度，及时觉察孩子的需要，这对于改变孩子的气质会有帮助。

第六节　婴儿的社会性发展

一、婴儿的情绪发展

（一）最初的情绪反应

胎儿在6个月就已经有了面部表情，比如微笑。

孩子出生以后情绪发展的基本特点：

情绪专家伊扎德研究表明，人类婴儿在出生时，就展示出了五种不同的情绪，它们是惊奇、伤心、厌恶、最初步的微笑和兴趣。

我国心理学家孟昭兰指出，新生儿即已有兴趣、痛苦、厌恶和微笑等四种表情。

婴儿在5—6周时，出现对人的特别的兴趣和微笑，即社会性微笑。

3—4个月时，婴儿出现愤怒、悲伤；

6—8个月时，婴儿出现对最熟悉、亲近者的依恋，并随之产生对陌生人的焦虑及分离焦虑等。

1.5岁左右时，伴随自我意识和交往、认知的进一步发展，婴儿逐渐产生羞愧、自豪、骄傲、内疚、同情等（更高级、复杂的社会性情感）；同时，原始、最初的情绪反应如笑、哭、恐惧等也不断分化、发展。

（二）婴儿的社会性微笑

社会性微笑也就是对人产生的微笑，对人的反应产生的微笑。婴儿初生就有笑的反应。但这些微笑，不管是内源性的还是诱发性的，都是反射性的，而不是社会性的微笑。

婴儿期社会性微笑的发展规律：

约5周始，婴儿能区分人和其他非社会性刺激，对人的声音、面孔开始有特别的反应，大人的声音、面孔特别容易引起婴儿的微笑，社会性微笑开始出现。

第8周时，婴儿会对一张不移动的脸发出持久的微笑。

第5周—约3.5个月时，婴儿对人的社会性微笑是不加区分的，他们对主要抚养者或家庭其他成员、陌生人的微笑都是一样的。

从3.5个月尤其是从4个月开始，随着婴儿处理刺激内容能力的增加，能够分辨熟悉的脸和其他人的脸，婴儿开始对不同的人微笑不同，出现有差别、有选择性的社会性微笑。

许多研究表明，4个月以后，婴儿对主要抚养者母亲笑得最多、最频繁，其次是对家庭其他成员和熟人，最后是对陌生人，对陌生人笑得最少。

二、婴儿的依恋

婴儿的依恋，这部分内容要注意。依恋是指婴儿与主要抚养者（通常是母亲）间的最初的社会性联结，也是情感社会化的重要标志。

1.婴儿依恋的表现和作用

依恋对婴儿整个心理发展具有重大作用。婴儿是否对母亲形成依恋及依恋性质如何，直接影响着婴儿的情绪情感、社会性行为、性格特征和与人交往的基本态度的形成。

在婴儿同主要抚养者的最多、最广泛的相互接触中，在同母亲的最亲近、最密切的感情交流中，婴儿与母亲之间逐渐建立了一种特殊的社会性情感联结，即对母亲产生依恋。通常表现为婴儿将其多种行为，如微笑、咿呀学语、哭叫、注视、依偎、追踪、拥抱等，都指向母亲；最喜欢同母亲在一起，与母亲的接近会使他感到最大的舒适、愉快，在母亲身边能使他得到最大的安慰；同母亲的分离则会使他感到最大的痛苦；在遇到陌生人和陌生环境而产生恐惧、焦虑时，母亲的出现能使他感到最大的安全、得到最大的抚慰；而平时当他饥饿、寒冷、疲倦、厌烦或疼痛时，首先要做的往往是寻找依恋对象母亲，接近母亲的可能性要大于接近任何其他人。

2.婴儿依恋的发展阶段

根据心理学家特别是鲍尔比（J.Bowlby）、艾斯沃斯（M.Ainsworth）

等人的研究，依恋的发展过程可分为以下三个阶段。

第一阶段：无差别的社会反应阶段（出生—3个月）。

这个时期婴儿对人反应的最大特点是不加区分、无差别的反应。

第二阶段：有差别的社会反应阶段（3—6个月）。

这时婴儿对人的反应有了区别，对人的反应有所选择，对母亲更为偏爱，对母亲和他所熟悉的人、陌生人的反应是不同的。

第三阶段：特殊的情感联结阶段（6个月—3岁）。

从6、7个月起，婴儿对母亲的存在更加关切，特别愿意与母亲在一起，与母亲在一起时特别高兴，而当母亲离开时则哭喊、不让离开，别人还不能替代母亲使婴儿快活，当她回来时，婴儿则能马上显得十分高兴。同时，只要母亲在身边，婴儿就能安心地玩、探索周围环境，好像母亲是其安全的基地。婴儿出现了明显的对母亲的依恋，形成了专门的对母亲的情感联结。

这里的"依恋"主要指的是婴儿对主要抚养者产生情感联结。如果母亲是主要抚养者，则对母亲产生依恋，如果奶奶是主要抚养者，则对奶奶产生依恋。

在第三个阶段，除了对母亲特别依恋以外，婴儿对陌生人的态度变化很大，见到陌生人，大多不再微笑、咿呀学语，而是紧张、恐惧甚至哭泣、大喊大叫，婴儿产生怯生。

3.婴儿依恋的类型

艾斯沃斯等人通过"陌生情境"研究法，根据婴儿在陌生情境中的不同反应，认为婴儿依恋存在三种类型：

（1）安全型依恋

（2）回避型依恋

（3）反抗型依恋

陌生情境研究法

我们做一个模拟。母亲跟孩子在房间里，里面有很多玩具，孩子正在玩玩具。这时候走进来一个陌生人，孩子依然在玩玩具。请观察孩子的变化。有的孩子干脆放下玩具跑到母亲身边去了，有的则看母亲几眼。几分钟以后，母亲离开房间，陌生人跟孩子一起玩玩具，这时候看孩子是否会哭，是否会离开。通过这个方法可以分辨孩子属于哪种依恋类型。

其中，安全型依恋为良好、积极的依恋；而回避型和反抗型依恋又称为不安全性依恋，是消极、不良的依恋。

同时，大家要知道，艾斯沃斯和其他研究者的研究表明，婴儿对母亲的依恋类型既具有明显的稳定性，但同时在家庭环境经历较大变化、母亲与婴儿的交往发生较大转变时，又可能发生变化，安全型可转为不安全型，或者不安全型转变为安全型。

婴儿依恋的性质从根本上取决于什么呢？是与婴儿有关的母亲的行为。因为依恋并不仅仅是母亲使婴儿的需要（包括食物、水、温暖、舒适、解除痛苦等）得到满足。婴儿与母亲在一起的时间的绝对量也不能单纯地决定婴儿依恋的性质。依恋是在婴儿与母亲的相互交往和感情交流中逐渐形成的。在这一社会交往过程中，母亲对婴儿所发出的信号的敏感性和对婴儿的关心度是最重要的方面。如果母亲能非常关心婴儿所处的状态，注意听取婴儿的信号，并能正确地理解，做出及时、恰当、抚爱的反应，婴儿就能发展对母亲的信任和亲近，形成安全型依恋。

婴儿依恋的性质取决于母亲的行为，所以母亲在养育孩子的过程中要非常耐心，及时关注孩子的状态，并给予恰当的抚爱和帮助。

(1) 安全型依恋

这类婴儿与母亲在一起时，能安逸地玩玩具，并不总是依偎在母亲身旁，只是偶尔需要靠近或接触母亲，更多的是用眼睛看母亲、对母亲微笑或与母亲有距离地交谈。母亲在场能使婴儿感到足够的安全，能在陌生的环境中进行积极的探索和操作，对陌生人的反应也比较积极。当母亲离开时，其操作、探索行为会受到影响，婴儿明显表现出苦恼、不安，想把母亲寻找回来。当母亲回来时，婴儿会立即寻找与母亲的接触，并且很容易抚慰、平静下来，继续去做游戏。这类婴儿约占65%—70%。

(2) 回避型依恋

这类婴儿对母亲在不在场都无所谓，母亲离开时，他们并不表示反抗，很少有紧张、不安的表现；当母亲回来时，也往往不予理会，表示忽略而不是高兴，自己玩自己的。有时也会欢迎母亲的回转，但只是非常短暂的，接近一下就又走开了。实际上这类婴儿对母亲并未形成特别密切的感情联结，所以，有人也把这类婴儿称作“无依恋婴儿”。这类婴儿约占20%。

(3) 反抗型依恋

这类婴儿每当母亲要离开前就显得很警惕，当母亲离开时表现得非常苦恼、极度反抗，任何一次短暂的分离都会引起大喊大叫。但是当母亲回来时，对母亲的态度又是矛盾的，既寻求与母亲的接触，同时又反抗与母亲的接触。当母亲亲近他，比如抱他时，他生气地拒绝、推开，但是要他重新回去做游戏似乎又不太容易，不时地朝母亲这里看。所以，这种类型又常被称为“矛盾型依恋”。这类婴儿约占10%—15%。

三、早期同伴交往

婴儿在头三年里，已经有了同伴交往行为，发展过程经历了三个阶段。

第一阶段，“以客体为中心”阶段。婴儿的交往更多地集中在玩具或物品上，而不是婴儿身上。

第二阶段，“简单交往”时期。婴儿已能对同伴的行为做出反应，经常企图去控制另一个婴儿的行为。很有意思，这时候婴儿会觉得，咦，他（她）怎么会动啊！孩子这时候就开始思考了：他怎么跟我一样呢？这时候的宝宝是最逗、最可爱的。

第三阶段，“互补性交往”时期。婴儿同伴间的行为趋于互补，出现了更多更复杂的社交行为，相互间模仿已较普遍。婴儿不仅能较好地控制自己的行动，而且还可以与同伴开展需要合作的游戏，比如互换玩具、一起玩玩具，等等。

大量的观察和研究表明，婴儿从出生后的后半年起即开始出现真正意义上的同伴社交行为。早期同伴交往对孩子的成长具有非常重要的作用，所以如果想把孩子养好，就要尽量给孩子创造与人交往尤其是与同伴交往的机会。

一个四岁的孩子进门就大大方方地打招呼，非常活泼可爱。

一个四岁的孩子躲在母亲的身后，露出半个小脸看别人，非常胆怯的样子。

四、自我意识的萌芽

儿童自我意识的萌芽，各个阶段的发展规律：

▨ 儿童第一年没有自我意识，他们还没有把自己作为主体从周围世界的客体中区分出来。

▨ 大约到第一年末，儿童开始能把自己的动作与动作对象区分开来。

▨ 在生活的第二年，儿童开始认识到自己的身体，并意识到自己的身体感觉。儿童已能用词标志自己身体的各个部位，也知道了自己的名字。

▨ 2—3岁的儿童开始把自己当作主体来认识。

▨ 掌握“我”字是自我意识形成的主要标志。

本章总结

▨ **主要内容**

婴儿神经系统的发展，婴儿动作和活动、言语的发展，婴儿心理活动的发展，婴儿气质和社会性的发展。

▨ **重点**

婴儿动作和活动、言语的发展，影响动作发展的因素，婴儿气质和社会性的发展。

难点

影响动作发展的因素，婴儿气质和社会性的发展。

练习题

一、婴儿动作发展遵循哪些规律？

二、在言语发生阶段，婴儿词语的获得和运用主要体现在哪些方面？

三、婴儿的气质发展特点是什么？婴儿的气质对婴儿早期教育有何意义？

四、简单说明婴儿言语知觉的前言语发展可以分为哪几个阶段。

五、影响儿童动作发展的因素有哪些？

沃老师说：成功者决不放弃，放弃者绝不成功！

第五章　幼儿心理的发展

本章知识结构：

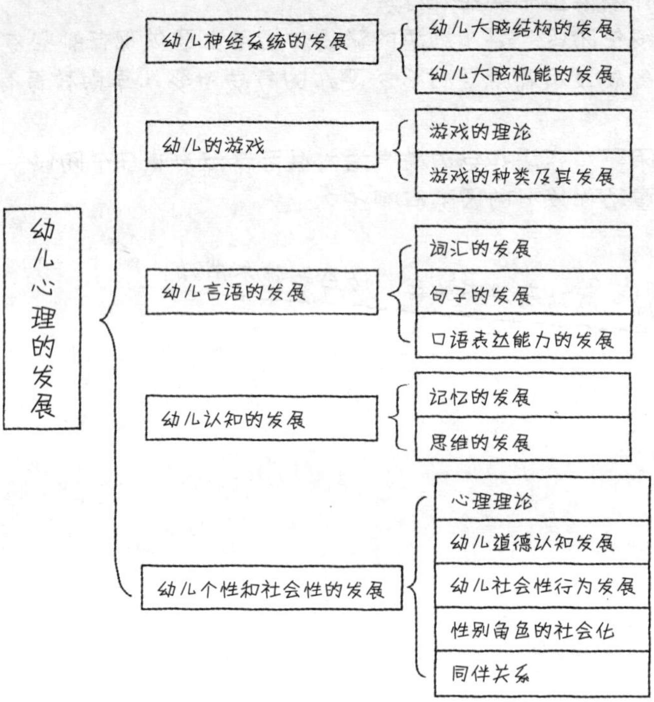

第一节　幼儿神经系统的发展

一、幼儿大脑结构的发展

（一）脑重量继续增加

3岁儿童的脑重约1011g，相当于成人脑重的75%。而7岁儿童的脑重约1280g，基本上已经接近于成人的脑重量（平均为1400g）。脑的发育在幼儿阶段相比婴儿期，发展相对缓慢。幼儿阶段末期，大脑基本成熟。

（二）大脑皮层结构日趋复杂化

根据大脑生理学的研究，儿童脑重量的增加并不是神经细胞大量增殖的结果，而是由于神经细胞结构的复杂化和神经纤维分支增多、长度伸长。幼儿的额叶表面积的增长率继2岁左右的增长高峰后，在5—7岁时又明显加快，此后维持在一稳定水平。

（三）脑电波的变化

脑电频率是脑发育过程中的又一个重要参数。国外有关研究指出，5岁前儿童的脑电图θ波多于α波，5—7岁时θ波与α波的数量相同，7岁之后α波逐渐占主导地位。

儿童脑电图的变化表明，儿童大脑是随年龄的增长而发展的，而且这一过程是不可逆的。儿童大脑各区成熟的程序是：枕叶→颞叶→顶叶→额叶。

二、幼儿大脑机能的发展

皮质抑制机能的发展是大脑皮质机能发展的重要标志之一，也是儿童认识外界事物和调节控制自身行为的生理前提。

3岁以前，儿童的内抑制发展很慢，大约从4岁开始，皮质对皮下的控制和调节作用逐渐加强。与此同时，幼儿的兴奋过程也比以前增强，表现在儿童的睡眠时间逐渐减少，清醒时间相对延长。

> 尽管幼儿的兴奋和抑制机能都在不断增强，但是相比之下，抑制机能还是较弱。所以，对幼儿过高的抑制要求，比如要求幼儿长时间保持一种姿势，或集中注意于单调乏味的作业，都往往会引起高级神经活动的紊乱。在幼儿园的课程里面，集中活动课的时间是有限制的，不能太长，不能像要求小学生那样要求幼儿园的孩子。

第二节　幼儿的游戏

一、游戏的理论

（一）早期的传统理论

1.霍尔（Hall）的“复演说”

认为游戏是远古时代人类祖先的生活特征在儿童身上的重演。

2.席勒—斯宾塞（Schiller—Spencer）的“精力过剩说”

把游戏看作是儿童借以发泄体内过剩精力的一种方式。

3.彪勒的“机能快乐说”

强调游戏是儿童从行动中获得机体愉快的手段。

4.格罗斯（Gross）的“生活准备说”

把游戏看作是儿童对未来生活的无意识的准备，是一种本能的练习活动。

5.拉扎鲁斯—帕特瑞克（Lazarus—Ppatric）的“娱乐—放松说”

认为游戏不是源于精力的过剩，而是来自于放松的需要。

6.博伊千介克（Buytenclijk）的“成熟说”

成熟说反对生活准备说，认为游戏不是出于本能，而是欲望的表现。引起游戏的三种欲望是：排除环境障碍获得自由、发展个体主动性的欲望；适应环境与环境一致的欲望；重复练习的欲望。

对于早期的传统理论，大家了解一下它们的观点就可以。

二、当代的游戏理论

当代的游戏理论主要有弗洛伊德的精神分析理论、皮亚杰的认知动力说、桑代克的学习理论。

（一）精神分析理论

弗洛伊德认为游戏也有潜意识成分，游戏是补偿现实生活中不能满足的愿望和克服创伤性事件的手段。

弗洛伊德认为，游戏使儿童能逃脱现实的强制和约束，发泄在现实中不被接受的危险冲动，缓和心理紧张，发展自我力量以应付现实的环境。

艾里克森从新精神分析的角度解释游戏，认为游戏是情感和思想的一种健康的发泄方式。

艾里克森认为，在游戏中，儿童可以“复活”他们的快乐经验，也能修复自己的精神创伤。这一理论已被应用于投射技术和心理治疗。

（二）认知动力说

皮亚杰（J. Piaget）认为游戏是儿童认识新的复杂客体和事件的方法，是巩固和扩大概念、技能的方法，是使思维和行动结合起来的方法。

皮亚杰认为儿童认知发展的阶段性决定了儿童特定时期的游戏方式。在感知运动阶段，儿童通过身体动作和摆弄、操作具体物体来进行游戏，称为练习游戏。在前运算阶段，儿童发展了象征性功能（语词和表象），可以进行象征性游戏，他能把眼前不存在的东西假想为存在的。以后，可以进行简单的有规则的游戏。真正的有规则游戏出现在具体运算阶段。

皮亚杰认为儿童认知发展的阶段有四个：感知运动阶段（0—2岁）、前运算思维阶段（2—7岁）、具体运算阶段（7—12岁）、形式运算阶段（12—15岁）。

（三）学习理论

桑代克认为游戏也是一种学习行为，遵循效果律和练习律，受到社会文化和教育要求的影响。

这是国外的游戏理论，我们中国的心理学家认为，游戏是适合于幼儿特点的一种独特的活动方法，也是促进幼儿心理发展的一种最好的活动方式。

所有这些理论，从各自不同的角度解释了游戏的实质和功能，对我们从不同侧面全面认识游戏现象有一定启示。

1. 游戏具有社会性。

2. 游戏是儿童主动参与的、伴有愉悦体验的活动，它既不像劳动那样要求创造财富，又不像学习那样具有强制的义务性，因而深受儿童喜爱。

3. 儿童在游戏中学习，在游戏中成长。

4. 游戏还帮助儿童学会表达和控制情绪，学会处理焦虑和内心冲突，对培养良好的个性品质同样有着重要的作用。

大家要注意一点，游戏对儿童身心发展的促进作用不是自然实现的，需要成人积极组织和正确引导。游戏不仅是幼儿的主导活动，也是幼儿教育的重要手段。

三、游戏的种类及其发展

游戏主要有三种：创造性游戏、教学游戏、活动性游戏。

（一）创造性游戏

它是由儿童自己想出来的游戏，目的是发展儿童的主动性和创造性。包括角色游戏、建筑游戏以及表演游戏等。

（二）教学游戏

它是结合一定的教育目的而编制的游戏。

大家想一想，教学游戏有什么作用？利用这类游戏，可以有计划地增长儿童的知识，发展儿童的言语能力，提高儿童的观察、记忆、注意和独立思考的能力，培养儿童优良的个性品质。

（三）活动性游戏

它是发展儿童体力的一种游戏。这类游戏可使儿童掌握各种基本动作，如走、跑、跳、攀爬、投掷等，从而提高儿童的身体素质并培养勇敢、坚毅、合作、关心集体等个性品质。

除此之外，还有皮亚杰对游戏的分类，他把游戏分为练习游戏、象征性游戏和有规则的游戏。

游戏的内容反映了幼儿对现实生活的模拟能力和想象能力，反映了幼儿认知水平的发展。幼儿首先进行的是模仿性游戏，再到角色游戏、表演游戏，进而到有规则的游戏。

儿童游戏的时间是随年龄增长有所变化的，一般从几分钟或十几分钟延长到40—50分钟，甚至更长。游戏的集体性也随年龄增强，从独自一人的游戏发展为多人合作的游戏。

幼儿阶段所有的智力开发都是以游戏方式进行的。所以它是开发智能的重要载体，也是促进心理发展的一个重要活动。

幼儿时期就是玩的时候，孩子们在玩的过程中发展着智力，积累着经验。可以说，游戏是孩童时期特有的学习方式，剥夺了孩子玩的天性，等于剥夺了孩子学习的渠道。很多父母在很小的时候逼着孩子去学这学那，其实并不可取。与其过早地让孩子接受这种机械的教育，不如让孩子在自由自在的玩耍中学习和创造。

幼儿期的游戏活动可以延伸到成年人。我们现在很多企业为员工开展的拓展训练就是游戏活动。

第三节　幼儿言语的发展

幼儿阶段是言语发展的一个重要阶段。因为他的言语变得越来越复杂，不再像婴儿时期那么简单。它是儿童熟练掌握口头语言的关键时期，也是从外部言语逐步向内部言语过渡并初步掌握书面言语的时期。

一、词汇的发展

（一）词汇数量的增加

幼儿期是一生中词汇数量增加最快的时期。一般来说，幼儿的词汇量呈直线上升的趋势。

（二）词汇内容的丰富和深化

国内外有关研究表明，幼儿词汇的内容涉及范围非常广泛。

（三）词类范围的扩大

幼儿先掌握的是实词，其中最先掌握的是名词。

其次是动词，再次是形容词。

虚词如连词、介词、助词、语气词等，幼儿掌握得较晚，数量也较少，没有明显增加。

（四）积极词汇的增长

儿童既能够理解又能够正确使用的词汇，叫做积极词汇。消极词汇则相反。幼儿时期，儿童对于词语的理解，往往是有的时候太宽，有的时候太窄。

随着年龄的增长，对词汇理解的准确性能够逐渐延长和增加。后面有很多研究证明这一点。当然，儿童对词义的理解受到思维发展水平的制约。过于抽象的词，或远离幼儿生活的词，幼儿正确使用还有困难。在幼儿阶段，当儿童词汇贫乏或词义掌握不确切时，还有一种"造词现象"。

二、句子的发展

在幼儿阶段，句子得到了比较好的发展。那么从哪些方面来研究句子的发展呢？

（一）从简单句到复合句

幼儿主要使用简单句。2岁前儿童虽已使用复合句，但比例相当小，随着年龄的增长，复合句所占比例逐渐增加。

条件从句、状语从句等叫复杂句。"我今天要上街买东西"怎样变为复杂句？"如果今天下午不下雨的话，我就上街买东西"就变成复杂句了，对不对？

（二）从陈述句到多种形式的句子

疑问句、祈使句、感叹句，这些在幼儿阶段也开始增加了。原来的时候只有一个陈述句。

（三）从无修饰句到修饰句

儿童最初的简单句是没有修饰语的，以后便出现了简单修饰语和复杂修饰语。2岁儿童句子中有修饰语的仅占20%左右，3.5岁儿童已达50%以上，6岁时上升到91.3%。

三、口语表达能力的发展

连贯言语和独白语言的发展是儿童口语表达发展的重要标志。在幼儿阶段，是独白语言发展的关键时期。

独白语言

幼儿能够完整地述说一个故事，能够讲一个事情，大约在5岁左右。这个阶段是非常重要的。

根据幼儿时期语言发展的特点和规律，家长应该如何对孩子进行教育、训练?

在言语交流的过程当中，要大量运用实物和图片。看图说话是对环境的描述。讲述一件昨天发生的事情，重复昨天发生的事情。续编故事，家长先讲前半段，后半段没有了，让孩子编故事。这些都属于根据幼儿言语发展的规律进行教育的一些方法。

第四节　幼儿认知的发展

一、记忆的发展

幼儿时期的记忆能力得到了很大的发展，那么从哪些方面来了解呢?

（一）记忆容量的增加

一般认为，儿童的记忆容量随年龄的增长而增加。

成人短时记忆容量为7±2个信息单位（组块），而7岁前儿童尚未达到这一标准。

（二）无意识记忆和有意识记忆的发展

幼儿初期的儿童无意识记忆占优势。凡是儿童感兴趣的、印象鲜明强烈的事物就容易记住。让记忆服从于一定目的还有困难，不过，在幼儿期，有意记忆作为一个重要的发展时期，在不断地增长、不断地变化。

有意识记忆的出现标志着儿童记忆发展上的一个质变。

（三）形象记忆与语词记忆的发展

幼儿初期的儿童记忆还带有很大的直观形象性，对词的逻辑识记的能力还很差。随着语言的发展，儿童的语词记忆也在发展，但在整个幼儿期，形象记忆仍占主要地位。

有的家长在孩子上小学之前让孩子认识2000个生字、背诵一百首唐诗。这是错误的教育方式，因为幼儿期以形象记忆为主体，抽象逻辑思维刚开始萌芽，所以让孩子学习大量抽象记忆的词语对孩子以后的学习没有太多的好处。

（四）记忆策略和元记忆的形成

1.记忆策略的形成

记忆策略是人们为有效地完成记忆任务而采用的方法或手段，简单地说就是我怎么样把东西给记住。

幼儿阶段以复述策略为主，也就是简单地重复。以这种策略为主体，以组织系统化的策略为辅。

2.元记忆的形成

元记忆就是关于记忆过程的知识或认知活动，简单地说就是对自己记忆的认知。在幼儿阶段，元记忆的水平是非常低的，才刚刚开始萌芽。

记忆的元认知知识包括三方面的内容：①有关记忆主体方面的知识；②有关记忆任务方面的知识；③有关记忆策略方面的知识。

二、思维的发展

（一）幼儿思维的特点

幼儿思维的主要特点是它的具体形象性以及进行初步抽象概括的可能性。

1. 思维的具体形象性是主要特点

所谓具体形象的思维是指儿童的思维主要是凭借事物的具体形象或表象，即凭借对具体形象的联想来进行的，而不是凭借对事物的内在本质和关系的理解，即凭借概念、判断和推理来进行的。

2. 思维的抽象逻辑性开始萌芽

3. 言语在幼儿思维发展中的作用日益增强

（二）皮亚杰关于幼儿思维的研究

皮亚杰对于幼儿思维的研究中有几个非常重要的概念。皮亚杰的研究主要采用临床法，以问问题、做小实验、谈话为主体。

1. “三座山实验”

这个实验的目的是为了评价幼儿是否能够采用别人的观点。

> 首先让儿童看三座山模型的不同侧面，先看一个面，再看另一个面，同时把模型不同侧面的照片拍下来。然后把一个玩偶娃娃放在模型的不同位置，问儿童：“娃娃看到了什么？”让儿童从照片里选择。结果不管娃娃放在哪里，儿童都认为娃娃看到了自己正在看的那一面。
>
> 这个实验研究告诉我们，幼儿阶段的儿童是以自我为中心的。所以前运算思维的基本特征是以自我为中心，从自我的角度去解释事件，很难想象别人是怎么看事件的。

2. 守恒

第二个概念是守恒。什么叫守恒？当物质形态发生变化以后，它的本质不变，这叫守恒。

幼儿阶段的孩子还没有到达守恒的水平。根据皮亚杰的研究，儿童要到8岁左右才能达到守恒，不过新的研究发现皮亚杰低估了儿童的能力水平。

为什么说幼儿阶段的孩子还没有到达守恒的水平呢？举一个例子，现在有两个一模一样的玻璃杯，灌满水以后，问小朋友：这两杯水一样多吗？小朋友会说：一样多。当着孩子的面把其中一个杯子里的水倒入另一个高脚、较细的杯子里，然后问小朋友：这两杯水一样多吗？小朋友们会怎么回答？他们会告诉你：高的那个杯子里水多。再比如，如果问小朋友一斤棉花一斤铁哪个重啊？小朋友会说一斤棉花重，而不是一斤铁重！小孩子会认为，哎，老师你看棉花多啊。说明幼儿阶段还没有守恒的概念。

3. 类包含

类包含也就是一类物体与其子类的关系，一类事物包含了另一类。类包含是在推理里面经常发生的事情。在前运算阶段，儿童是缺乏这种推理能力的。

相对来说，实物概念较好掌握一些，而抽象概念就比较难了。实物概念，比如桌子、凳子、椅子等；抽象概念，比如警察、英雄、善良等。

（三）最初概念的掌握

1.最初的词的概括和概念的掌握

概念是指人脑对客观事物的一般特征和本质特征的反映。概念是在概括的基础上形成和发展起来的，是用词来标志的。

在幼儿阶段，概括的特点如下：

第一，概括的内容比较贫乏，每一个词最初只代表一个或一些具体事物的特征，而不是代表某一类的大量的事物的共同特征。到了幼儿晚期，概念所概括的内容才逐渐丰富。

第二，概括的特征很多是外部的、非本质的。如幼儿大多以功用性特征说明关于事物的概念。

第三，概括的内涵往往不精确，有时失之过宽，有时又失之过窄。

幼儿初期掌握概念的广度和深度都是很差的，他们一般只能掌握比较具体的实物的概念，而不易掌握一些比较抽象的性质概念、关系概念、道德概念等。

2.最初实物概念的掌握

小班儿童：实物概念的内容基本上代表儿童所熟悉的某一个或某一些事物。

中班儿童：已能在概括水平上指出某一些实物的比较突出的特征，特别是功用上的特征。

大班儿童：开始能指出某一实物若干特征的总和，但是还只限于所熟悉的事物的某些外部和内部的特征，而不能将本质和非本质特征很好地加以区分。

在正确的教育下，大班儿童也有可能初步地掌握某一实物概念的本质特征。

3.最初数概念的掌握

掌握数概念，包括理解：

（1）数的实际意义；

（2）数的顺序；

（3）数的组成。

儿童形成数概念，经历口头数数→给物说数→按数取物→掌握数概念等四个发展阶段。

2—3岁、5—6岁是儿童数概念形成和发展的关键年龄。

在幼儿园阶段要培养他对数概念的理解，不然到小学就太晚了。幼儿园阶段对于数概念的掌握是一个关键时期。

根据数概念发展的特点，对于幼儿园阶段的孩子怎么做训练？

首先，告诉他这个“1”可以代表任何一样东西，这叫数的意义。

第二步，数的顺序。“3”一定比“2”多。顺序：12345。

第三步，数的组成。由单个数字变成多个数字。

4.类概念的掌握

幼儿对类概念的掌握相对来说比较薄弱。根据国内的研究，儿童类概念的发展经历儿童不能分类→依感知特点分类→依生活情境分类→依功能分类→依概念分类五个阶段。

（四）抽象逻辑思维的初步发展

幼儿晚期的抽象逻辑思维刚刚萌芽和发展，水平很低。

第五节　幼儿个性和社会性的发展

社会化在于个体在社会环境相互作用的过程中获得各种社会规范、价值规范、社会技能，成为独立的社会成员。社会化的过程就是一个孩子从不懂事慢慢成为一个社会的人。这个发展过程叫做社会化的过程。

一、心理理论

（一）心理理论的概念

心理理论是近些年来比较热门的一个研究领域，指的是对自己和他人心理状态（信念、愿望、意图、情绪等）的认识，并由此对行为做出因果性的预测和解释。心理理论使得个体能够对自身及其他个体的行为进行解释和预测，从而在个体的社会认知、社会行为、个体间理解与社会交往中起至关重要的作用，因此成为认识发展研究中的热点。错误信念是儿童获得心理理论的一个重要标志。4.5岁到5岁这个阶段是获得心理理论的重要时期。

在我们与别人交往的过程中，会大概知道别人心里的想法，但是我们很多成年人在交往当中失败，其中一个重要的原因，就是心理理论发展水平比较低。当别人已经不想听了，开始打哈欠或不耐烦时，还拼命滔滔不绝地讲。这就说明在交往当中，不了解对方的心理需求。如果了解的话就不会不管对方的反应而自顾自地说了。

（二）心理理论的研究

错误信念的掌握往往被视为儿童是否认识到个体能够以不同方式表征同一客体或事件的证据，因此错误信念任务常被用来检验儿童是否具有心理的表征。

这类研究开始于韦默和伯纳的实验，他们的实验旨在探究儿童能否不受自己关于某一客体位置的错误信念的影响，而正确地预测他人行为。在他们的实验中，让被试观察用玩偶演示的故事：男孩马克西将巧克力放在厨房的一个碗柜里，然后离开；他不在时，母亲把巧克力转移到另一个碗柜。马

克西不在现场，因此不知道巧克力已被转移。要求被试判断马克西回厨房拿巧克力时，将会在何处寻找。

结果发现3岁儿童在进行错误信念推理方面的能力是有限的，甚至可能无法利用最明显的外表线索。但是，5岁儿童就能克服实验中所有的困难，能够根据故事线索更好地理解所提的问题，而不会因为存在其他显得十分突出的因素而被迷惑。儿童在错误信念问题上的反应能力，从3岁到5岁之间的变化，已经被众多研究所证实。

二、幼儿道德认知发展

（一）皮亚杰的儿童道德认知发展研究

在儿童道德研究里，使用的主要是临床谈话法。皮亚杰将儿童道德认知发展分为三个阶段：①前道德判断阶段；②他律道德或道德实在论阶段；③自律道德或道德相对论阶段。

幼儿正处于第二个阶段。

根据皮亚杰对儿童道德认知发展特点的研究，在前道德阶段，年幼的儿童对引起事情的原因只有朦胧的了解，他们的行为直接受行为结果的支配，因而这个年龄阶段的儿童既不是道德的，也不是非道德的。

在他律道德或道德实在论的阶段，儿童认为规则是绝对的、固定不变的、由权威所给予的，而不理解规则可以经过集体协商来制定或改变。在评定是非时，他们总是抱极端态度，或者是好的，或者是坏的，认为“公正就是服从权威”，按是否遵从权威来判断是非。对行为好坏的判断完全根据行为的后果，而不是根据主观动机。

幼儿的道德认知发展正处于第二个阶段，幼儿的道德判断是受自身之外的价值标准所支配的，因而具有从他性和情境性的特点。

幼儿晚期开始向自律阶段转化，但真正达到自律道德或道德相对论阶段则是在儿童入小学以后。

皮亚杰认为儿童的道德认知发展与儿童的认知能力发展是相对应和平行的。幼儿道德的他律性就是幼儿认知的自我中心和实在论的反映。

（二）中国关于儿童道德认知发展的研究

关于行为意向性与行为后果的道德判断，5岁被试所根据的大多是财物损坏的程度；7岁被试对行为意向性判断超过了对财物损坏程度的判断。

关于对成人惩罚的公平性判断，5岁和7岁被试对成人不公正的惩罚，大部分持肯定的态度，这表明他们尚不能摆脱成人惩罚的影响。

对人身伤害与财物损坏的道德判断，在行为意向（有意或无意）相同的情况下，大多数认为人身伤害较财物损坏更为严重。

中国儿童从不成熟判断转入成熟判断的年龄，普遍早于皮亚杰等人提出的转折年龄。

三、幼儿社会性行为发展

（一）侵犯行为

侵犯行为，也就是攻击性行为，是针对他人的敌视、伤害或破坏性行为。可以是身体的侵犯、言语的攻击，也可以是对别人权利的侵犯。在幼儿时期是攻击性行为出现比较多的一个时期。

1. 侵犯行为的理论

- 精神分析理论认为，人生来具有死亡本能。
- 生态学理论认为，人有基本的侵犯本能。
- 新行为主义者把侵犯行为作为挫折的结果。
- 社会学习理论把侵犯行为看作是通过直接强化或观察学习而习得的。
- 社会信息加工理论强调认知在侵犯行为中的作用。

2. 侵犯行为的发展

根据相关研究，我们看一下儿童侵犯行为的发展特点。

- 12—24个月儿童的侵犯行为不指向任何特殊的人。
- 为一特殊目的指向特殊的人的真正的侵犯行为出现在4岁左右。
- 3–6岁幼儿的侵犯行为随年龄增长，身体攻击4岁时达到顶点。
- 对受到进攻或生气的报复倾向，3岁时有明显增加。
- 进攻的挑起者和侵犯形式也随年龄变化，身体攻击减少，言语攻击增多。

3. 侵犯行为的性别差异

侵犯行为存在性别差异，男孩比女孩多。呵呵，男孩比女孩好斗。

4. 影响侵犯行为的社会因素

影响因素有两个：一个是家庭，一个是大众传媒。

家庭氛围主要是放任型的，不约束儿童的攻击性行为，所以他的攻击性行为显得合法化，同时没有为儿童提供控制侵犯冲动的机会。另外，家庭的情绪氛围也会影响儿童的侵犯倾向。一般来说，充满矛盾和冲突的家庭氛围常常促使孩子产生情绪困扰和大量行为问题。

大众传播媒介的暴力内容给儿童提供了侵犯性榜样，减弱了儿童对侵犯行为的控制。

5.侵犯行为的控制

常用的控制方法有：

(1) 消除对侵犯行为的奖赏和关注；

(2) 榜样和认知训练策略；

(3) 移情训练；

(4) 创造减少冲突的环境等。

（二）亲社会行为的发展

亲社会行为指对他人或社会有利的行为及趋向，也就是向社会行为和利他行为。在幼儿阶段表现出来的比如分享行为、合作行为、互助行为、谦让行为等。

1.亲社会行为的理论

亲社会行为理论有四种，都解释了亲社会行为。

- 社会生物学观点用“族内适宜性”解释了利他行为的进化。
- 弗洛伊德认为，亲社会行为发展的必要条件是良好的亲子关系，认同起着重要作用。
- 社会学习理论认为，人们往往重复得到强化的行为，而避免重复付出代价和受到惩罚的行为。
- 认知发展理论认为，随着儿童智力的发展，他们获得了重要的认知技能，这将影响他们对亲社会问题的推理和行为的动机。

2.亲社会行为的发展

在幼儿时期逐渐增加，到小学时期有明显增加。

产生年龄差异的原因据认为可能与儿童社会信息加工能力的增长（如设身处地地考虑对方）、社会责任感及提供亲社会行为的能力和知识的增加有关。

3.亲社会行为的训练

亲社会行为的训练如果方法得当是有效果的。训练的手段有：角色扮演、行为强化、榜样示范，还有良好的氛围，等等。

促进幼儿亲社会行为发展常用的手段有：①对儿童进行角色扮演训练；②行为强化训练和自我概念训练，自我概念训练对8岁以下儿童效果不明显；③榜样示范。

想让孩子增加亲社会行为，一定要注意多表扬和鼓励孩子。

四、性别角色的社会化

（一）性别角色认同的一般概念

1.性别认同

性别认同是对一个人在基本生物学特性上属于男或女的认知和接受，即理解性别。性别认同在幼儿阶段是一个重要的时期。

举个例子。我是一个女孩，我就要认同"我是一个女孩"，而不要认同为"我是一个男孩"。如果没有做到性别认同，就会出现性别错位。有的家长特别希望要一个女儿，可生出来的是一个儿子，再生一个还是儿子，实在生不出来女儿了，家长干脆把男孩当成女孩养，让他穿女孩的衣服，像女孩那样涂指甲、化妆等。

这样的做法是错的。为什么？这个孩子长大以后就会出现性别角色的冲突，对他来说很难受，要改过来很难。最后实在受不了，怎么办？变性。所以同性恋的一个重要原因就是性别角色错位而导致的结果。两个同性恋者，其中一个一定是扮演男性或者扮演女性的角色。一个男孩如果扮演同性恋中女孩的角色，一看就像女孩的样子。

2.性别角色标准

社会成员公认的适合于男性或女性的动机、价值、行为方式和性格特征等，反映了文化或亚文化对不同性别或成员行为适当性的期望。

3.性别角色认同

性别角色认同是对一个人具有男子气或女子气的知觉和信念。

4.性别角色偏爱

指对与性别角色相联系的活动和态度的个人偏爱。

（二）性别化的发展

1.性别认同的发展

● 2岁左右的儿童已能分辨出照片上人的性别，然而还不能确定自己的性别。

● 大多数2.5岁至3岁儿童能正确地说出自己是男孩或是女孩；但是认识不到性别是不变的属性。

● 3—5岁儿童还不能理解性别的坚定性。

如果你问一个孩子，你是男孩吗？他会这样说："我今天是女孩，明天是男孩。"就相当于你问他你是属什么的？他会说："我今天属老鼠，明天属老虎。"在幼儿阶段，他对性别还不能够确定和坚定。所以不断地强化才能确定下来。一般5岁以后才能够理解和坚定。

● 5—7岁儿童才开始理解性别的坚定性。

● 儿童先是理解自我性别的坚定性，继而是理解同性别他人的性别坚定性，最后是理解异性别他人的性别坚定性。

● 理解男女生理上的差异是在学龄期间。

2.性别角色标准的获得

儿童几乎在会正确使用性别标签之后不久，就获得了一些性别刻板印象。

儿童对于性别角色心理标准的认识要到学龄期以后才能获得，而且相对幼儿的性别角色标准要灵活得多。

3.性别化行为的发展

儿童的性别偏爱最早表现在对玩具的选择上。

在性别化过程中，男孩比女孩面临更大的社会压力。

4—9岁的男女儿童对性别角色标准有了更多的了解，并且遵从这些社会要求。

（三）性别化的理论

● 社会生物学理论强调了两性间发生学和荷尔蒙的差异在儿童性别化中的决定作用。

● 精神分析理论认为性别化是儿童与同性别父母认同的结果之一。

● 社会学习理论提出儿童获得性别化态度和行为的两种机制是直接训练与观察学习。

● 认知理论则指出，儿童性别角色的发展部分依赖于儿童的认知发展。

五、同伴关系

（一）同伴关系的作用

首先，同伴可以满足儿童归属和爱的需要以及尊重的需要。

其次，同伴交往为儿童提供了学习他人反应的机会。

再者，同伴还是儿童特殊的信息渠道和参照框架。

此外，同伴还是儿童得到情感支持的一个来源。

（二）同伴关系的发展

在婴儿期，同伴关系只是在最松散的意义上存在着，儿童的社会交往非常有限。

从3岁起，儿童偏爱同性同伴，经常与同性同伴一起游戏、活动。

在3—4岁之间，依恋同伴的强度和与同伴建立起友谊的数量有显著增长。

（三）社会技能训练

训练的对象是同伴关系不良的儿童，目的在于通过干预方案的实施改进儿童的同伴关系，促进其社会性发展。

> 同伴关系不良有哪些表现？第一个叫做行为过度。行为过度也就是说这个孩子专门去打别人或骂别人。还有一个叫行为退缩，即不愿意跟同伴交流。这些孩子一定要在幼儿园阶段加强训练，否则，到了小学以后训练难度就会越来越大了。

六、自我意识的发展

幼儿自我意识的发展随着年龄的增加而呈现出由低到高的发展趋势。很多学者的研究表明，幼儿期自我意识发展得非常迅速，特别是在4—5岁。

幼儿自我意识各因素开始发生的时间很接近，但是不同步。首先是自我评价的发展，其次是自我体验的发展，最后是自我控制的发展。自我评价开始发生的年龄转变期在3岁到4岁之间；自我体验开始发生的年龄转变期在4岁左右，自我控制开始发生的年龄转变期为4岁到5岁。

本章总结

主要内容

幼儿神经系统的发展、幼儿的游戏、幼儿语言的发展、幼儿认知以及个性和社会性的发展。

重点

幼儿神经系统的发展、幼儿的游戏、幼儿认知的发展、幼儿个性与社会性发展。

难点

幼儿神经系统的发展、思维的发展、心理理论。

练习题

一、幼儿心理发展的一般特征是什么？

二、影响儿童侵犯行为的社会因素有哪些？

三、如何促进幼儿亲社会行为的发展？

四、同伴关系对于儿童的发展有哪些作用？

五、试依据幼儿（3—6岁）的心理特点说明心理发展是连续性与阶段性的统一，以及这一原理对教育实践的指导意义。

沃老师说：成功者不断地找方法，失败者不断地找理由！

拓展学习：沃老师文章

文章题目：图形推理任务中儿童策略获得的微观发展过程

资料来源：心理发展与教育，2004年第4期

摘　要：运用微观发生学设计，对30名6岁儿童在矩阵填充任务中的策略获得过程进行了研究。结果发现：从策略获得的来源看，实验处理（教育干预）是图形推理策略获得的重要来源；从策略获得的个体差异看，儿童遵循的是学习领会或半学习领会的策略获得发展方式；从策略获得的路径看，快速组儿童在达到策略获得标准后的正确率不高，而标准组和延迟组则能保持较高的正确率；从策略获得的速率看，在实验前三个阶段正确率有快速的变化，而到后期则保持正确率稳定不变。

除了6岁，其他年龄段儿童在矩阵填充任务上的表现是怎样的？这还需要进一步研究和探讨。

关键词：图形推理；策略获得；微观发展过程

文章主要讨论及结论：

1. 图形推理中策略获得的微观过程

从微观发展的角度重新审视图形推理任务中策略获得的变化发展时，综合变化的来源、多样性、路径，以及速率上的结果，矩阵填充这种图形推理的策略获得可以归纳为以下四个阶段：

（1）策略探索阶段。这个阶段在研究中处于策略获得点之前。矩阵填充任务对儿童来说属于一种陌生任务。儿童在最初接触这个任务时，缺乏相应的知识和解决策略，这时他们的反映是任意挑选一个，即使答对也是猜测或蒙对的。从变化的路径上看，表现在成绩中是正确率低，反应时快。从变化的速率上看，这个阶段儿童的正确率变化速率稳定在一个较低水平。

（2）策略萌芽阶段。这个阶段处于策略获得点邻近的前后。随着解决题目的增多，儿童逐渐认识到了题干和答案之间的逻辑联系，但是由于维度的多样性，他们往往只能注意到其中一种或几种维度，而忽略了其他一些维度（结果表明是方向维度和大小维度）。此时，从策略获得的变化路径上看，他们处在策略获得的萌芽期。这个阶段儿童的主要错误集中在某类错误中，而且偶尔能够考虑全面，正确率有所提高。从变化的速率上看，这个阶段儿童的正确率变化速率陡直，反应时也同样有快速上升的趋势。

（3）初级应用阶段。后两个阶段都在策略获得点之后。在此阶段，儿童已经能够理解解决矩阵填充问题应该考虑的四种维度，而且回答的正确率也已经保持了较高的稳定性。这个阶段儿童还会出现一些错误，但错误主要集中在某个维度上。这个阶段儿童解决推理问题的反应时还比较长。初级应用阶段有时会出现倒退到萌芽阶段的现象，这是由于儿童还不能充分理解策略，而要用反馈和自我监控等手段进行调整。从变化的速率上看，这个阶段儿童的正确率变化速率又趋向平滑，而反应时则有快速下降的趋势。

儿童的学习会有一个过程，有时甚至会倒退，这就需要给儿童机会和时间学习和进步。联系到现实生活，很多家长由于不明白这一点，缺乏足够的耐心，总是想当然地认为小孩子就应该怎样怎样，而忽略了小孩子需要学习、需要过程。这对儿童的成长、对良好的亲子关系会带来不少困扰。

（4）高级应用阶段。儿童已经充分理解矩阵填充任务的答题策略。从变化的路径上看，在正确率上保持高水平，在反应时上也增快。从变化的速率上看，这个阶段儿童的正确率变化速率保持平滑，反应时的变化也保持平滑。

2. 策略获得微观发展过程与策略交叠模型的联系和区别

策略获得不是一个点，而是一个状态过程。运用逆向题目过程图，我们可以认为，儿童在连续三次正确解决某种问题，并在以后保持相当的正确率，就表明儿童获得了策略（当然，这个结论只局限于矩阵填充任务或图形推理任务）。但是，儿童在策略获得点之前紧挨着的测试结果，以及在策略获得点之后紧挨着的测试结果，一样可以反映出儿童策略获得的某些信息。因此，我们将策略获得从一个点扩大为一个区域，这类似于对平均数和标准差的定义：策略获得点（平均数）表明了数据的集中趋势，策略获得过程（标准差）补充了数据的分布情况。西格勒（Siegler）在策略发展的交叠模型中已经指出：儿童可以运用多种策略和思维方式来解决问题，这些策略是同时存在的，获得一种策略，并不意味着其他策略不存在。而且多种策略和思维方式并存的现象是长期存在的，经验会导致新策略的产生，这是儿童获得高级策略的途径。根据交叠模型，我们可以看到这个模型描绘的是一种策略发展的宏观过程。所谓宏观过程，是指策略发展的一种普遍模式，这种模式不考虑具体再分类策略的细致过程。

相对西格勒的策略交叠模型，我们有关策略获得的结论与策略发展的交叠模型并不矛盾，而是对其中某种策略发展的一个更精细的解析——一种对学习领会分类的儿童的策略获得过程分析。策略发展具有个体差异，这种差异不只表现在个体之间获得策略的不同，也表现在个体内部在接受不同类型策略上的过程的不同。儿童在同一时期可以使用多种不同的策略，也会具有不同的策略获得细节。对于学习领会模式的策略获得过程，我们得到的结果认为它需要经历四个主要的发展阶段：策略探索阶段、策略萌芽阶段、初级应用阶段和高级应用阶段。这四个阶段主要是根据微观发生法对变化的速率和路径的分析而得到的。当然，对于其他模式的策略获得过程则需要进一步的实验来确定。

文章题目：5—7岁儿童加法策略的发展特点

资料来源：心理发展与教育，2002年第4期

摘　要：随机选取72名5—7岁儿童为被试，采用实验法和访谈法对儿童解决简单加法问题的策略的发展特点进行探索。结果发现，随着年龄的增长，儿童使用提取策略明显上升，逐渐成为主导策略，而数数策略逐渐减少，凑十策略、心理算盘策略和分解策略只有在少数儿童身上发现，整体看5—7岁儿童没有出现多种策略的竞争趋势；提取和从大数开始数的策略是5—7岁儿童较为优秀的解决简单加法问题的策略。

关键词：儿童；加法策略；发展特点

文章主要讨论及结论：

5—7岁儿童计算简单加法的策略选择发展趋势

中国儿童从5岁到7岁时使用提取策略的频率呈现不断上升趋势，并且提取策略一直是此时儿童使用的主导策略。国外的儿童使用提取策略是在入学后才显著提高的，是在从大数开始数、从1开始数和从提取策略的竞争中逐渐优化出来的。到三年级时，提取和从大数数策略才逐渐占策略使用的主导；而中国儿童从5岁起就逐渐呈现出提取策略的主导趋势，其他策略的竞争趋势不明显。从中国儿童的简单加法策略选择的发展趋势看，中国儿童的策略并没有呈现像西格勒交叠模型中的多种策略竞争的趋势，而是直接以提取策略为主导。

从总体上，中国儿童提取策略使用率在入学前就占了较大的比重，究其原因，我们可以做如下分析：从中国儿童所受的教育看，儿童提取策略的使用可能与儿童频繁的计算密切相关。中国儿童从7岁起就计算大量的加法题，除学校布置的作业外，家长通常还给孩子布置一些额外的作业，试图提高儿童的计算能力。中国的教师和家长普遍认为简单的加法计算不存在策略问题，而实际上这是一种基本的计算能力。实际上从7岁起，教育者就试图提高儿童的基本运算能力，并没有关注儿童在计算中的策略选择和鼓励他们发现新的策略。因此父母教育的方式对于儿童策略的使用也起到较大的作用。

儿童的发展受到环境和教育的重要影响，同年龄的儿童，可能因为教育方式和环境的不同，发展特点也不同，因此在对研究结果进行解释和应用的时候，需要考虑地域和文化、教育、环境等方面的因素。

文章题目：5—10岁儿童策略优越性及策略选择的个体差异的研究

资料来源：心理科学，2004年第1期

摘　要：本研究选取5—10岁的儿童被试144名，使用不同的加法问题查策略的优越性以及儿童策略选择的个体差异。结果发现：①在解决加法问题时，各种策略使用率存在显著差异。5岁到7岁儿童计算简单加法问题时使用提取策略、从大数开始数策略和凑十策略的反应时和正确率优于其他策略。②5岁到6岁儿童使用策略的反应时个体差异不显著，但好生和中等生使用的策略种类明显比差生多；7岁到10岁儿童的策略选择个体差异也不显著，但好生使用提取策略和凑十策略的反应时明显要低于差生。

现有的研究考虑了年龄、成绩好差、题目难易程度等因素，那么性别呢？男女生对于加法策略的选择是否一样？如有差异，差异在哪些方面？除了加法，减法以及乘法或除法呢？这些都可以继续研究探讨。

关键词:策略选择;儿童;个体差异

文章主要讨论及结论:

1. 策略优越性及对小学加法教学的意义

对于简单的加法问题,5岁至6岁的儿童使用从大数开始数的正确率高,而且儿童使用从大数开始数策略、凑十策略和提取策略的反应时差异不大。尽管儿童在6岁时使用提取策略的反应时比其他策略要快一些。但是总体看来,儿童在入学前(7岁前)使用从大数开始数是最优秀的解决简单的加法问题的策略。由于5、6岁儿童思维还是以具体思维为主,因此从大数开始数的策略实际上是符合其年龄发展特点的思维方式。从大数开始数使儿童在解决加法问题中有了具体的方法,通过数数技能使加法计算成为儿童可以通过具体行为进行操作解决的问题。而提取策略则对此时儿童的记忆力有相当的要求,而此时儿童的记忆资源有限。所以,此时不要强迫儿童记住加法问题的答案,这对儿童此时思维发展是不切实际的。到了7岁,儿童主要使用提取和凑十策略,但是使用这两种策略的差异不显著,正确率都高。特别是到了7岁以后,儿童绝大多数采用提取策略,正确率非常高。可见中国儿童从入学后,简单的加法就已经不存在策略选择问题,而是采用提取策略为主导加以解决。对中等难度和复杂的加法的研究表明,随着问题难度的增大,分解策略在正确率和反应时上都体现出了优越性。因此随着计算难度的增加,教师可以指导儿童使用分解策略,促进儿童对分解概念的理解。其实,分解的概念早在儿童计算加法的初级时就已经提出,但是在计算逐渐复杂的加法问题时,真正理解分解的概念并采用分解策略解决问题并非一朝一夕就可以形成的。这就需要教师在长期的教学中,发展儿童对分解概念的理解和应用。特别是新的小学数学大纲,在加法计算中强调儿童理解算理并发展儿童的估算能力,分解概念和策略的使用都是其中重要的环节。

2. 儿童选择策略的个体差异

研究发现:在计算简单加法问题时,5、6岁儿童解决简单加法问题的策略选择的个体差异主要在于好生和中等生使用策略的种类明显多于差生,计算的正确率也相对高一些。而在策略使用的反应时上,年龄较小的儿童个体差异不显著。7岁至10岁的儿童都是采用提取和凑十策略作为主导。在使用提取策略时,好生计算反应时明显比差生快。相比之下,在儿童使用凑十策略时,好、中、差学生反应时有显著差异,好生、中等生都比差生反应时快。好生和中等生差异不显著。因此,上学后的儿童对于简单的加法问题，策略选择方面的差异不大，但是好生、中等生计算的反应时都明显高于差生。

对于逐渐复杂的加法问题，好学生使用分解策略的频次高于中等生和差生；在列竖式策略上，差生高于好生和中等生。而对于分解策略的使用，好、中、差学生的差异显著。而使用内部列竖式策略时，好、中、差学生的差异不显著。同时儿童使用分解策略进行计算时，好生和中等生的正确率明显高于差生，好、中、差学生计算的反应时呈递增的趋势；使用分解策略的反应时好生比差生快得多，而使用内部列竖式策略时，好生和中等生的正确率明显高于差生，反应时个体差异不大。

从中我们发现，对于较小的儿童，计算简单的加法问题的差异主要在于策略选择上，而入学后，计算简单的加法的个体差异转为反应时的差异。对于复杂的加法问题，7岁到10岁的儿童的个体差异在于策略选择差异，在分解策略和内部列竖式的选择上个体差异显著。在正确率上，好生和中等生明显高于差生。从分析中也发现差生和好生及中等生在各方面的差异较大，而好生和中等生的差异不大；而且策略选择的个体差异最初表现为策略选择的种类和数量方面，后来转为正确率和反应时的差异。

文章题目：不同推理水平儿童在图形推理任务中的眼动研究

资料来源：心理发展与教育，2006年第3期

摘　要：以矩阵填充任务为材料，以眼动仪为研究工具，以3—6年级学生为被试，探讨图形推理中儿童推理过程的特征和策略使用的差异，以及推理能力高低组儿童完成图形推理任务的眼动模式差异。在本实验条件下，得出以下结论：①8岁以上儿童已经具备解决矩阵填充任务的逻辑思维能力，但高低水平组儿童在解决任务的能力水平上存在差异，高水平儿童的反应时较快、正确率较高；②在儿童推理的过程中，不同维度对推理过程的影响存在一定的层次：对形状、颜色维度的识别最容易，对大小维度的识别次之，对方向维度的识别最难；③高低水平组儿童获得策略的时间进程不同，差异主要产生在推理开始后的5—11秒这个阶段，在这一阶段内，高水平组儿童对方向这一较难维度的识别和正确答案的识别都快于低水平组儿童，体现了高水平组儿童更强的信息加工能力。

关键词：图形推理；推理水平；策略；儿童；眼动

文章主要结论：

（1）8岁以上儿童已经具备解决矩阵填充任务的逻辑思维能力，但高低水平组儿童在解决任务的能力上存在差异，高水平儿童的反应时较快、正确率较高；

（2）儿童在推理的过程中，不同维度对推理过程的影响存在一定的层次：对形状、颜色维度的识别最容易，对大小维度的识别次之，对方向维度的识别最难；

（3）在推理开始后的5—11秒这个阶段，高水平组儿童对方向这一较难维度的识别和正确答案的识别都快于低水平组儿童。

第六章　童年期儿童的心理发展

本章知识结构：

- 童年期儿童的心理发展
  - 童年期儿童的学习
    - 学习的基本概念
    - 学习对儿童心理发展的作用
    - 儿童的学习特点
    - 儿童的学习障碍
  - 童年期儿童言语的发展
    - 书面言语的发展
    - 内部言语的发展
  - 童年期儿童认知的发展
    - 思维发展的基本特点
    - 元认知及其发展
  - 童年期个性、社会性发展
    - 自我意识
    - 社会认知和交往技能
    - 品德发展

小学儿童言语发展的重点在于书面语言；认知发展的重点在于思维，还有认知；个性发展主要是自我意识、交往和品德。

第一节　童年期儿童心理发展的一般特点

一、学习的基本概念

1.广义的学习是指动物和人的经验的获得及行为变化的过程。

2.狭义的学习，则是指学生在教师的指导下有目的、有计划、有系统地掌握知识技能和行为规范的活动，这是一种社会义务。

二、学习对小学儿童心理发展的作用

首先，学校学习是在教师指导下有目的和有系统地掌握知识、技能及行为规范的活动，是一种社会义务。

其次，学校学习是通过教学活动来实施的，小学儿童必须通过教学活动，掌握读、写、算等最基本的知识技能，为进一步掌握人类知识打下最初的基础。

再次，学习活动是以班集体为单位的，在共同的学习活动中，儿童相互交流、相互帮助。

三、小学儿童的学习特点

（一）小学儿童学习的基本特点

1.在学习过程中，学生的认知或认识活动要越过直接经验阶段。

2.学生的学习是一种在教师指导下的认知或认识活动。

3.学生的学习过程是一种运用学习策略的活动。

4.学习动机是学生学习或认知活动的动力。

5.学习过程是学生获得知识经验，形成技能技巧，发展智力能力，提高思想品质水平的过程。

（二）小学儿童所特有的学习特点

1.小学儿童的学习动机

研究发现，儿童的学习动机有四类：

（1）为了好分数，不落人后，或为了得到表扬和奖励而学习；

（2）为履行组织交给自己的任务，或为了给集体争光而学习；

（3）为了个人的前途而学习；

（4）为祖国的前途、人民的利益而学习。

在小学阶段，占主导的是前两类，年龄越小、年级越低，儿童的学习动机越具体，越肤浅，越直接。

2.小学儿童的学习兴趣

童年期儿童的兴趣表现出不断深化、分化、抽象化、专门化及广泛化的特点。

小学生对学习多半是不讨厌的，只要父母、老师多给予赞赏和鼓励，让孩子有学习的兴趣，不管成绩多差，孩子都能树立学习的信心和乐趣。否则到中学阶段，孩子有了自我判断能力，同伴之间的评价起作用后，即使父母、老师再凭空鼓励和赞赏，效果也不如小学了。

（1）兴趣的深化指的是儿童的学习兴趣由对学习过程和外部活动感兴趣转化为对学习内容或需要独立思考的学习作业感兴趣。

（2）兴趣的分化指由兴趣不分化到对不同学科内容产生兴趣的过程。

（3）兴趣的抽象化指由早期对具体事实和经验较有兴趣到对抽象的因果关系有兴趣的过程。

（4）兴趣的专门化指低年级儿童主要对以游戏的方式进行的学习活动感兴趣，而随着年级的升高，逐渐对学习这种专门的活动感兴趣。

（5）兴趣的广泛化主要指儿童不再仅对单一内容的学习感兴趣，而是对多方面的内容感兴趣。

3.小学儿童的学习态度

（1）对教师的态度从无条件地服从、尊敬、依恋到有条件地选择和怀疑。

（2）对集体的态度从散漫到有责任感、荣誉感。

（3）对作业的态度从不自觉、无责任到自觉、有责任。

（4）对分数的态度从把它看作一种评价自身学习好坏的表征到看作是完成社会义务表现好坏的标准。

四、小学儿童的学习障碍

（一）学习障碍的一般特征

有人将学习障碍翻译成学习困难（learning disabilities）。

1.差异性：许多儿童的实际行为与所期望的行为之间有显著的差异。

2.缺陷性：学习障碍儿童有特殊的行为障碍，这种儿童在很多学科方面能学得很好，但却不能做其他儿童很容易做的事。

3.集中性：学习障碍儿童的缺陷往往集中在学习包括语言或算术在内的基本心理过程中。

4.排除性：学习障碍的问题不是由听力、视力或普通的心理发育迟缓引起的，也不是由情绪问题或缺乏学习机会引起的。

（二）学习障碍的分类

对于学习障碍的分类，有不同的方法。

1.美国联邦教育署特殊教育处的归类

（1）语言接受和表达方面的学习障碍；

（2）阅读和书写方面的障碍；

（3）算术方面的学习障碍。

2.柯克的分类

柯克（Samuel alexander Kirk，1983）将学习障碍分为发育性学习障碍和学业性学习障碍

（1）发育性学习障碍主要指儿童在生长发育过程中正常显露的许多心理和语言功能发展的偏离和衍生性缺陷。

（2）学业性学习障碍包括阅读缺陷、算术缺陷、书写缺陷和拼写缺陷等。

（三）学习障碍的症状

1.感知、思维和语言方面存在障碍。

2.在行为、情绪和社会性方面存在障碍。

3.其他方面的问题，如发育迟缓、品行问题等。

（四）学习障碍产生的原因

1.胎儿期、出生前、出生后的轻度脑损伤或轻度脑功能障碍的常见原因。

2.遗传—素质假说。

3.生物学假设。

4.心理与环境假设。

一旦发现小学儿童存在学习障碍，父母和老师一定要重视起来，切忌听之任之，因为越早干预效果越好，越晚干预效果越差。

遗传—素质假说：

遗传—素质假说认为，儿童学习障碍可能是脑发育迟缓、感统觉综合失调和遗传等原因所致。

生物学假设：

有些研究者认为，轻度脑功能失调是中枢神经细胞间信息传递改变的结果。

心理与环境假设：

该假设的基本观点认为，环境因素不是学习障碍的一个直接引发因素，却是一个主要的影响因素。缺乏母爱或其他成人所给予的感情、由没有文化的人抚养、早年缺乏各种环境刺激和教育、营养不良或疲劳、不适当的教学方法或教材使儿童对学习不感兴趣、老师的偏见、经常受到批评等也是产生学习障碍的因素。

（五）儿童学习障碍的预防与矫正

1.预防措施

（1）避免可能造成损伤的因素，尤其是出生前后。

（2）注意儿童的心理健康，培养健康人。

（3）关心儿童的学习，及早提供对差生的帮助，使他们能跟上班级的学习进度。最重要的是在一二年级，要注意培养孩子的学习习惯，比如听课的习惯、做作业的习惯、看书阅读的习惯，这样到了三年级以后就比较轻松了。如果没有形成基本的学习习惯，后面的学习会比较困难。

2.已有学习障碍的咨询与治疗

真正有学习障碍的儿童要采用特殊教育和行为矫正。

（1）提供特殊教育。

针对学习障碍儿童的特点进行教育是提供特殊教育的基本要求，如在教学环境的布置上强调单纯化，避免过多的刺激引起学生注意力分散；利用各种形象有趣的教具引起他们的兴趣和注意；讲课时间灵活掌握；加强认知技能的训练，促进高级技能的学习等。

目前，美国有些特殊教育专家指出，让有学习障碍的儿童在正常班级里学习，同时接收特殊班级的特殊指导的方法是一种较为有效的教育有学习障碍儿童的方法。

（2）进行行为矫正。

行为矫正有两个途径，一是应用操作条件反射技术直接改进儿童的学习技能；二是运用操作条件反射技术改善学习障碍儿童有效学习的行为方式。

父母们务必注意，小学阶段是培养孩子学习兴趣和学习习惯最重要的时期，而不是单纯的分数。有的父母只看孩子的分数是否上升，这是错误的。其实，关注孩子、鼓励孩子、引导孩子养成好习惯，学习成绩是水到渠成的事。孩子从小学习积极上进，从小优秀，以后也会一直努力，因为优秀是一种习惯。

第二节　童年期儿童言语的发展

一、书面言语的发展

小学儿童阶段是书面语言发展的重要时期，书面语言运用能力主要是认识汉字，认识汉字符号，能进行阅读理解，掌握词汇、句子、语法规则等策略，特别是三四年级，是语言发展的重要时期，运用能力也得到很好的发展。

（一）词汇的发展

（1）进入学校后，儿童的词汇量迅速扩大。国外的研究表明，儿童约6岁的时候能掌握1万个单词，而到小学毕业时则达4万个单词。

（2）儿童构造新词的方式一般是联想。

（3）随着概念思维的发展，儿童对词的理解和表达更加准确。

（二）句子的发展

1. 儿童入学后，随着书面语言的逐渐获得，阅读和写作能力的提高，越来越熟练地掌握汉语的句法规则，这明显表现在对被动句的理解上。

2. 童年期儿童常采用一定的策略，即找出一定的“诀窍”去理解句子，这些策略是儿童从已有的语言经验和非言语经验中概括出的一些规则。

3. 童年期儿童的句法发展也明显地表现在对复合句理解能力的提高上。

（三）语用能力的发展

对言外之意的理解是儿童语用发展的重要方面。

言外之意包括习性、暗示、间接指令、间接请求、隐喻、夸张、反语等。其中反语也是一种间接言语行为，但儿童对反语理解远远落后于对间接指令、间接请求、隐喻等其他类型的间接言语行为的理解。

二、内部言语的发展

内部语言也就是不发出声音，比如心里默读，就叫内部语言。在小学阶段内部言语得到了比较好的发展。

1.内部言语虽然是在外部言语的基础上产生的，却具有跟外部言语不同的新的机能。内部言语跟抽象逻辑思维有更多的联系，它主要执行着自觉的自我调节的机能。

2.小学儿童的思维发展还是以具体形象思维为主，其内部语言尚不如成人那样发达。

在婴儿期，是完全看不到内部言语的表现的，内部言语是从学前期开始产生的，它的原始形态或过渡形态是一种介于有声言语和内部言语之间的言语形式，即出声的自言自语。

孩子不会写作文怎么办？有个孩子写400字的作文要4个小时。

孩子一提写作文就逃跑，这样的孩子怎样训练？现举例说明训练过程。第一天，孩子说：老师，我真的不会写作文，就饶了我吧。老师问：你吃早餐了吗？孩子说：吃了。吃的什么？牛奶加面包。味道怎么样？味道还不错。老师说：那好，把这句话写下来，“今天早上我吃了牛奶加面包，味道还不错。”今天的作文就完成了。孩子很惊讶，一句话就是一篇作文？老师说：当然，能用一句话代表一篇作文，那是需要水平的。孩子高高兴兴地回去了。第二天，老师说：今天我们要写两句。孩子说：老师，我能写五句。老师摆摆手：不用，就写两句。孩子又高高兴兴地回去了。第三天，老师说：今天要写三句，但是这三句话要表达一个中心思想。孩子高高兴兴地又写完回去了。这样连续训练了30天，且不说内容写得怎样，但是孩子在40分钟内能写出800字的作文了。这就是训练的结果，希望能对家长和老师们有所启发。

第三节　童年期儿童认知的发展

一、小学儿童思维发展的基本特点

1.儿童思维的具体性

在整个小学时期，小学儿童的思维逐步过渡到以抽象逻辑思维为主要形式，但仍带有很大的具体性。

2.儿童思维发展的转折期或关键期

小学儿童的思维由具体形象思维到抽象逻辑思维的过渡，存在着一个明显的“关键年龄”，一般认为，这个关键年龄是在四年级（约10—11岁）。

3.儿童思维发展的不平衡性

也就是小学儿童思维结构的发展不完全是一样的，有的发展快，有的发展慢。

小学儿童逐渐具备了人类思维的完整结构，同时这个思维结构还有待进一步完善和发展。

4.儿童思维发展的欠完善性

小学儿童的思维，在从具体形象思维向抽象逻辑思维的发展过程中，存在着不平衡性。

二、元认知及其发展

元认知是指对自身认知活动的认知，具体地说是关于个人自身认知过程的知识和调节这些过程的能力，对思维和学习活动的认知和控制。

元认知包括三个方面的内容，元认知知识、元认知体验、元认知记忆监控，三者之间的关系相互联系、相互影响、相互制约。

（一）元认知知识

1.概念

元认知知识就是有关记忆的知识，什么因素影响人的记忆活动的过程和结果？这些因素是如何起作用的？它们之间又是怎样相互作用的？元认知就是对于这种种问题的认识。

2.记忆的元认知知识

（1）关于记忆主体方面的知识：指主体对记忆的认识和了解。

（2）关于任务范畴：主要涉及儿童对记忆任务难易的认识。

（3）关于策略的范畴：儿童能较快地认识到组织策略的效用。

（二）元认知体验

元认知体验是伴随着认知活动的认知体验或情感体验，既包括知的体验，也包括不知的体验，内容可简单可复杂，经历的时间可长可短，既可能发生在一个认知活动的持续期间，也可能发生在一个认知活动以前或以后的一个时间段内。

元认知体验与元认知知识是密切相关的，只有具备了一定的元认知知识，才可能产生有关自身、任务、目的的各种各样的元认知体验。因此，随着个体元认知知识的逐渐形成，关于记忆的元认知体验也逐渐产生和发展起来。

（三）元认知记忆监控

1.元认知记忆监控是指主体在进行记忆活动的全过程中，将自己正在进行的记忆活动作为意识对象，不断地进行积极、自觉的监视、控制和调节。

2.有研究表明，小学一年级儿童还不能对自己的记忆活动进行有效的监控，而三年级的儿童则能有效地监控自己的记忆活动。

第四节　童年期儿童的个性、社会性发展

一、小学儿童的自我意识

自我意识，主要是指一个人对自己的认识和了解。一般来说，自我意识的成熟是个性、社会性发展的重要标志。

自我意识是在4、5个月大的婴儿时期出现的。

孩子出生以后，通过照镜子可以得知他的自我意识是否产生。在给孩子照镜子时，我们会发现，原来他认为镜子里的这个人是他的伙伴。如果能把镜子里的这个人与其他伙伴加以区分，就是自我意识产生的标志，他会意识到镜子里面的这个人就是我。当然，真正的自我意识产生的标志，是自我概念的产生，“这是我，这是你，这是他”，“你”、“我”、“他”这三个词儿童大约在1岁左右能够真正区分开来。

幼儿园阶段，自我意识水平依然很低，他们只清楚外部特征，不清楚内部特征。比如，他知道自己是男的还是女的，是高的还是矮的，是胖的还是瘦的，只能对这些外表特征加以区分。

在小学阶段，尤其到了高年级，自我意识水平有了较大的提升，儿童逐步从外部特征认识上升到内部品质认识，比如："我是一个聪明的人"，"我是一个善良的人"，"我是一个公正的人"，等等。

（一）小学儿童自我意识发展的总体趋势

1. 小学一年级到小学三年级处于上升时期，小学一年级到小学二年级的上升幅度最大，是上升期中的主要发展时期。

2. 小学三年级到小学五年级处于平稳阶段，年级间无显著差异。

3. 小学五年级到小学六年级又处于第二个上升期。

小学儿童的自我意识是随年龄的增长从低水平向高水平发展的。在整个小学时期，儿童的自我意识不断发展，但不是直线的、等速的，既有上升的时期，又有平稳发展的时期。

（二）小学儿童自我意识内部结构的发展特点及趋势

对于小学阶段儿童的自我意识，已有哪些方面的研究呢？目前主要是通过总体的方法，研究自我概念、自我评价，还有自我体验，从而探索和发现自我意识发展的水平。

1. 自我概念

（1）自我概念是指个人心目中对自己的印象，包括对自己存在的认识，以及对个人身体能力、性格、态度、思想等方面的认识。它是由一系列态度、信念和价值标准所组成的有组织的认知结构，把一个个各种特殊习惯、能力、观念、思想和情感联结在一起，贯穿于心理和行为的一切方面。

（2）自我概念发展体现在对自己各方面特点的认识能力上。小学儿童的自我描述是从比较具体的外部特征的描述向比较抽象的心理术语的描述发展。

2. 自我评价

（1）定义

自我评价能力是自我意识发展的主要成分和主要标志，是在分析和评论自己活动的基础上形成的。

（2）小学儿童自我评价的发展特点

a. 从顺从别人的评价发展到有一定独立见解的评价，自我评价的独立性随年级的增高而增加。

b. 从比较笼统的评价发展到对自己个别方面或多方面行为的优缺点进行评价。

c. 小学儿童开始出现对内心品质进行评价的初步倾向。

d. 在整个小学阶段，儿童的自我评价处于由具体性向抽象性，由外显行为向内部世界发展。

e. 小学儿童自我评价的稳定性逐渐加强。

3. 自我体验

（1）定义

自我体验是自我意识中的情感体验，发生于幼儿阶段，在小学阶段有较大的发展。

（2）特点

自我体验在小学阶段主要表现在儿童的自尊心上，由于儿童有了自尊体验，所以能约束自己的行为，并注意别人对自己的评价。

二、社会认知和交往技能

自我认知与交往。可以把这个"社会认知"与前面的"心理理论"结合起来理解。

（一）社会认知

1. 社会认知

是指对自己和他人的观点、情绪、思想、动机的认知，以及对社会关系和对集体组织间关系的认知，与认知能力发展相适应。

2. 社会认知在内容上涉及三个不同层次

（1）关于个人的认知，包括对自己和别人的各种心理活动及思想观念、个性品质的认知；

（2）关于人与人之间的各种双边关系的认知，如对权威、友谊、冲突、合作等关系的认知；

（3）关于社团内部及内部之间的各种社会关系的认知。

3. 社会认知发展的特点

发展特点有六个方面，大家要注意掌握。

（1）从表面到内部，即从对外部特征的注意到对更深刻的品质特征的注意；

（2）从简单到复杂，从只看到问题的某个方面，到多方面、多维度地看待问题；

（3）从呆板到灵活的思维；

（4）从对个人及即时事件的关心到关心他人利益和长远利益；

（5）从具体思维到抽象思维；

（6）从弥散性的、间断性的想法到系统的、有组织的综合性的思想。

4.观点采择能力的发展

（1）概念

观点采择是指儿童能采取别人的观念来理解他人的思想与情感的一种必需的认知技能。

关于儿童观点采择能力的发展，有不少研究，比如弗拉维尔、塞尔曼等的研究。

（2）弗拉维尔的儿童观点采择能力发展模式

弗拉维尔（J.H.Flavell）认为，观点采择能力被视为一种指向了解别人观点的、由不同的环节所组成的认知加工过程。

a.存在阶段

儿童了解他人具有与自己不同的观点、经验和知识等，并了解到这种区别是客观存在的，在这个阶段交融着自我中心和非自我中心两种表现。

b.需要阶段

儿童产生推断他人观点、意志等的需要，而且这种需要经常是指向人际交往中的某种具体目标的，如试图去说服别人等。

c.推断阶段

儿童心理的操作内容已超过了手头的信息，即能根据当前线索对他人较隐蔽的心理活动进行推断。

d.应用阶段

儿童能应用通过推断所获得的信息，决定自己下一步的行为。

（3）塞尔曼的儿童观点采择能力发展模式

塞尔曼（R.Selman）认为儿童的角色采择技能的发展表现出阶段性。

阶段0：自我中心的或无差别的观点（约3—6岁）；

阶段1：社会—信息角色采择（约6—8岁）；

阶段2：自我反省角色采择（约8—10岁）；

阶段3：相互性角色采择（10—12岁）；

阶段4：社会和习俗系统的角色替换（约12—15岁以上）。

这些研究虽然角度不同，但研究结果具有类似性。

（二）交往技能

1.父母—儿童关系

父母与孩子的关系叫亲子关系。

在幼儿园阶段，父母与孩子的关系非常亲密，亲子联系比较紧密。进入小学以后，这种亲子关系发生变化。父母管的比较少了，所以孩子与父母的关系慢慢发生疏离。这时候师生关系越来越好，而同伴关系也开始建立了。同伴关系在小学阶段是比较低水平的，在小学低年级是以互惠关系为主体，建立学习、爱好相同的小小的朋友圈，但是学习、爱好不相同的人很少在一起成为朋友。在中高年级形成了较为稳固的友谊。

a.父母与儿童的交往时间发生变化。一方面，儿童和父母待在一起的时间明显减少；另一方面，父母关注儿童的时间也有所减少。

b.在小学时期，父母在儿童教养方面所处理的日常问题类型也发生了变化。

c.在小学期间，儿童与父母的冲突次数也减少了。

d.父母对儿童的控制力量也在变化。

2.儿童与同伴的关系

（1）小学儿童同伴交往的基本特点

a.与同伴交往的时间更多，交往形式更复杂。

b.儿童在同伴交往中传递信息的技能增强。

c.儿童更善于利用各种信息来决定自己对他人所采取的行动。

d.儿童更善于协调与其他儿童的活动。

e.儿童开始形成同伴团体。

（2）儿童友谊发展的阶段

塞尔曼提出儿童友谊发展有几个阶段：

第一阶段（3—7岁）：儿童还没有形成友谊的概念。

第二阶段（4—9岁）：单向帮助阶段。

第三阶段（6—12岁）：双向帮助，但不能共患难的合作阶段。

第四阶段（9—15岁）：亲密的共享阶段。

第五阶段（12岁开始）：友谊发展的最高阶段。

3.儿童与老师的关系

（1）儿童对老师的态度

a.有关调查发现，84%的小学儿童（低年级小学儿童为100%）认为要听教师的话。

b.从三年级开始，儿童的道德判断进入可逆阶段，学生不再无条件地服从、信任教师了。

c.小学生最喜欢的教师往往是讲课有趣、喜欢体育运动、严格、耐心、公正、知识丰富、能为同学着想的教师。

d.对教师的评价影响着小学儿童对教师的反应。

（2）教师期望对学生的影响

在教育心理学里面有一个“罗森塔尔效应”，这个效应在小学阶段就已经出现了。当教师对学生有高期望时，他们就表现出更和蔼、更愉快的态度，更经常表现友好的行为。通过一些言行，教师实际上传递这样一种思想，即对之期望高的学生的失败是由于没有好好努力，而对之期望低的学生的失败是由于缺乏能力。

影响教师期望的因素有：教师自己的态度、人格，儿童的外表、性别、种族、家庭的社会经济地位、能力和兴趣、人格、学业和家庭等。此外，对学生的控制程度也影响教师的期望。如果学生的表现是可预见的，能回答教师的问题，交作业，参加考试，阅读课外书，等等，会给教师留下好印象，并提高教师的期望。

罗森塔尔效应：美国心理学家罗森塔尔(R. Rosenthal)等人于1968年做过一个著名的实验。他们来到一所小学，在一至六年级各选三个班的儿童进行煞有介事的“预测未来发展测验”，然后实验者将认为有“优异发展可能”的学生的名单通知教师。其实这个名单并不是根据测验结果确定的，而是随机抽取的。它以“权威性的谎言”暗示教师，从而调动了教师对名单上的学生的某种期待心理。

8个月后，再次智能测验的结果发现，名单上的学生的成绩普遍提高了，教师也给了他们良好的品行评语。这个实验取得了奇迹般的效果，人们把这种通过教师对学生心理的潜移默化的影响从而使学生取得教师所期望的进步的现象，称为“罗森塔尔效应”，习惯上也称为“皮格马利翁效应”（皮格马利翁是古希腊神话中的塞浦路斯国王，他对一尊少女塑像产生爱慕之情，他的热望最终使这尊雕像变为一个真人，两人相爱结合）。

教育实践也表明：如果教师喜爱某些学生，对他们抱有较高期望，经过一段时间，学生会感受到教师的关怀、爱护和鼓励，常常以积极态度对待老师、对待学习以及对待自己的行为，学生也会更加自尊、自信、自爱、自强，诱发出一种积极向上的激情，这些学生常常会取得老师所期望的进步。相反，那些受到老师忽视、歧视的学生，久而久之，会从教师的言谈、举止、表情中感受到教师的“偏心”，也会以消极的态度对待老师、对待自己的学习，不理会或拒绝听从老师的要求，这些学生常常会一天天变坏，最后沦为社会的不良分子。尽管有些例外，但大趋势却是如此，这给教师敲响了警钟。

三、品德发展

（一）品德发展的基本特点

1. 小学儿童逐步形成自觉地运用道德认识来评价和调节道德行为的能力。
2. 小学儿童的道德言行从比较协调到逐步分化。
3. 自觉纪律的形成和发展在小学儿童品德发展中占有相当显著的地位。
4. 小学阶段的品德过渡性特点，是品德发展过程中的“飞跃”或质变的具体表现。

（二）小学儿童道德动机的发展

大家了解一下小学儿童道德动机发展的三个基本特点。

一是由服从向独立发展，尽管高年级儿童以自觉道德动机占主导地位，但还离不开对成人指令的服从。

二是由具体、近景向抽象、远景发展，尽管高年级儿童以社会需要作为道德动机的基础，但还离不开具体形象性。

三是逐步产生道德动机的斗争，但激烈的冲突较少。

（三）小学儿童品德心理特征的发展

1.道德认识

道德认识主要指儿童对社会道德规范、行为准则、是非观念的认知，包括对道德观念的掌握和道德判断能力的发展。

（1）小学儿童道德观念的发展

对小学儿童对公私财物损坏的道德判断的研究；

对小学儿童公正观念发展的研究；

对小学儿童集体观念发展的研究；

对小学儿童分享观念的研究；

对小学儿童利他观念发展的研究；

对小学儿童公益劳动观念的调查研究；

对小学儿童责任观念的研究；

对小学儿童纪律观念发展的研究。

（2）道德判断

儿童的道德判断从受外部情境的制约逐步过渡到受内心的道德原则、道德信念的制约。

儿童的道德判断从行为的直接后果向行为的长远后果过渡，从行为的个人后果向行为的社会后果过渡。

中国心理学家李伯黍等人进一步探讨了儿童对行为原因的后果的道德判断。

2.道德情感

道德情感是直接与人所具有的对于一定道德规范的需要相联系的一种体验，是一种高级情感。儿童的道德情感主要是在新的集体生活下发展起来的。

（1）小学三年级是道德情感发展的转折期。

（2）小学儿童的情感发展具有不平衡性。

3.道德行为的特点

（1）亲社会行为

在教育的影响下，儿童很早就已表现出一定的亲社会行为。随着年龄的增长，儿童不断接受各种社会强化，亲社会行为呈逐渐增加的趋势。

（2）攻击性行为

进入小学以后，许多儿童的攻击性明显减少。攻击性行为减少，不等于没有攻击性行为，小学生有时候还是会打架的。

(3) 道德意志行为

小学儿童的道德意志控制力和自觉性明显地表现出来，但这种控制力和自觉性还不能完全离开外部的检查和督促。

(4) 道德行为习惯

小学儿童道德行为习惯的发展水平呈马鞍型，低年级和高年级较高，中年级较低。小学阶段是道德习惯形成的重要时期。

本章总结

主要内容

童年期儿童的学习、儿童言语发展、儿童认知发展、儿童个性和社会性发展。

重点

儿童元认知发展、儿童个性和社会性发展。

难点

儿童认知的发展

练习题

一、小学儿童学习的基本特点是什么？

二、小学生学习障碍的基本特征、症状、诊断和矫正方法是什么？

三、如何根据儿童的思维特点进行思维品质的培养？

四、小学生自我意识是怎样发展的？

五、小学生社会性交往的特点是什么？

六、小学生品德发展的基本特点是什么？

七、简答儿童自我评价的发展。

八、简答假装游戏对儿童心理发展的意义。

九、结合小学儿童注意力的发展特点，谈谈你对小学教学的建议。

沃老师说：复杂的事情简单化，简单的事情重复做。世界上任何事情，都可以归结到最简单的步骤上。所谓成功，我以为便是找对方向，拆分步骤，持之以恒。

拓展学习：沃老师文章

文章题目：小学三年级数学学优生与学困生解决比较问题的差异

资料来源：心理学报，2002年第4期

摘　要：运用实验法和临床访谈法研究了数学学优生与学困生在解决比较问题时的差异及元认知对解题成绩的影响。被试为40名小学三年级学生。比较问题分为一致问题和不一致问题。元认知包括元认知知识和元认知监控技能。结果表明：①学优生与学困生解决比较问题的成绩差异显著，学优生在一致问题和不一致问题上的解题成绩均优于学困生。这种差异与其解题时所运用的表征策略有关。②学生在解决比较问题中出现的主要错误为转换错误，在不一致问题中出现的错误多于一致问题中出现的错误。③学优生与学困生在元认知知识和监控技能上均有显著差异，元认知监控技能对解决比较问题的成绩有显著预测作用。

沃老师这篇文章对老师们会有比较大的启发。不少老师对学习成绩较差学生的评价往往较为单一，而且停留在表面，认为他们就是不努力，就是不好好学，因此在教育上也会采取简单的说教或管教方式。而事实上，学困生的形成原因和表现方式都是不一样的，这就需要老师针对学困生的问题进行有针对性的帮助。当然，这需要付出很大的心血。

关键词：数学；问题解决；元认知

文章主要结论：

学优生与学困生解决比较问题的成绩差异显著，学优生在一致问题和不一致问题上的解题成绩均优于学困生。这种差异与其解题时所运用的表征策略有关。

学生在解决比较问题时出现的主要错误为转换错误，在不一致问题中出现的错误多于一致问题中出现的错误。

学优生与学困生在元认知知识和监控技能上均有显著差异，元认知监控技能对解决比较问题的成绩有显著预测作用。

文章题目：师德——教师素质的核心

资料来源：光明日报，2000年10月18日

文章主要内容：

师德是教师素质的重要组成部分。

师德是教师人格特征的直接体现。

师爱是师德的灵魂。

师德是教师职业理想的翅膀。

我认为教师具备完善的人格真的非常重要。教师具备自信、责任、勤奋、坚持、合群、自律、同情、变通、利他等人格特征，就会给学生带来良性影响。一个心理素质较差，人格存在问题的教师，教书尚可，但育人就远远谈不上了。所以教师选拔程序太重要了，不仅需要学历筛选，更需要对心理素质、人格特点以及职业兴趣进行严格筛选。

文章题目：教师素质对学生心理的影响

资料来源：广西右江民族师专学报，2001年第3期

摘　要：教师素质的本质特点是指教师自身的质量，即教师身心发展的总水平。教师的机体素质、文化知识素质、道德素质、心理素质都对学生心理产生影响。

关键词：教师素质；学生心理；影响

文章内容摘要：

1. 教师的机体素质对学生心理的影响

教师的机体素质是构成教师素质的基本条件。机体素质具有两方面的内容。

其一是指教师的身体健康状况。提高教师的身体素质是教师的职业特点所决定的。其二是指教师的仪表和风度。教师仪表风度的基本要求是：

(1) 自然纯真，朴素大方；

(2) 适合时宜，表现个性；

(3) 举止优雅，情态谦和。

2. 教师的文化知识素质对学生心理的影响

教师文化知识素质是教师从事教育和教学工作最基本的素质，一般指教师所具备的科学文化知识、教育科学知识与心理科学知识。

3. 教师的道德素质对学生心理的影响

教师道德是教师的灵魂，简称“师魂”。具体说就是热爱教育，献身教育；热爱学生，热爱集体，教书育人；以身作则，为人师表；团结协作，遵纪守法等。

当老师很辛苦很累，但是如果能调整好心态，一样可以让自己身体很棒。我遇到过很多老师，本身并不喜欢这个职业，并没有把教育作为自己的事业，而只是一个谋生的手段，这样工作起来就会非常累，身体累，心也累，时间久了，身体肯定吃不消。所以人们在选择自己是否从事教育这个问题上，一定要问自己是否坚定，是否真的愿意从事教育。一个人若能从事自己最擅长最喜欢的事情，虽然身体累，心却是快乐的。心快乐了，身体就好调整；心累了，再怎么锻炼身体状态也不会很好。

4. 教师的心理素质对学生心理的影响

教师的心理素质是在教学活动中表现出来的心理特点。它由四大系统构成。

(1) 教师的动力系统

教师的动力系统包括教师职业的兴趣、动机、信念、理想等。

(2) 教师的人格特征系统

人格特征内容有许多，我们的研究表明，下列共同特质来自学生、家长和社会期待，或说是构成教师素质的重要人格特质，即责任心、同情心、热情、开朗、温和、乐观、诚恳、友善、坦诚、公正、尊重人、坚持、果断等。

教师一定是个人格独立的人，对生活、对人生有健康认识的人，能够指导和帮助学生解决发展困惑的人。

(3) 教师的操作系统

教师的操作系统是教师教育教学能力的直接体现，在人的心理系统中，它是受命于监控系统，执行指令，进行心理操作。根据操作的对象和任务的不同，心理操作反映出个体水平差异，是能力差异的表现。

能力是个体顺利完成某种活动时心理特征。教育教学能力是教师在完成教学活动时所表现出来的心理特征,它是一种特殊能力。有别于其他职业的能力。教师的教育教学能力主要包括课堂教学能力、组织管理能力、科研能力和处理问题学生的能力等。

(4) 教师的监控系统

教师的监控系统是整个心理系统中的控制中心。它根据所要解决的不同问题,根据个体人格特质的特点向操作系统发出指令,再根据操作的结果不断调节指令,使问题得到解决。

现在的教师不同于过去，科研能力真的很重要。常常见到不少教师，当了一辈子老师，教了一辈子书，结果什么成果和经验都没有留下来，非常可惜。教师一生从事教育，接触到那么多不同的学生和案例，如果能用科学的手段和方法写出来，不断地总结和思考，积累下来，就不仅仅是个老师，还一定是一个教育专家了。

文章题目：6—12岁儿童脑波超慢涨落功率与计算速度的关系

资料来源：心理学报,2001年第6期

摘　要： 对176名6—12岁认知功能正常的小学生进行脑波超慢涨落平均功率分布与计算速度关系的研究。结果表明:①计算速度快组和计算速度慢组中各年龄组的脑区平均功率符合额低枕高的前后梯度。计算速度慢组的逆转百分率高于计算速度快组。②在各年龄组中,计算速度快组和慢组功率前后逆转百分率的差异主要反映在右脑,右脑功率前后梯度逆转在不同计算组之间差异较大。③在计算速度快组和慢组中,左脑平均功率都小于右脑平均功率。计算速度快组和慢组脑波功率左右逆转百分率的差异主要反映在后脑,后脑功率左右逆转在逆转总数上计算速度快组多于计算速度慢组。

关键词：儿童；脑波超慢涨落；计算速度；平均功率

文章主要结论:

(1) 计算速度快组和计算速度慢组中各年龄组的脑区平均功率符合额低枕高的前后梯度。计算速度慢组的逆转百分率高于计算速度快组。

(2) 在各年龄组中,计算速度快组和慢组功率前后逆转百分率的差异主要反映在右脑,右脑功率前后梯度逆转在不同计算组之间差异较大。

(3) 在计算速度快组和慢组中，左脑平均功率都小于右脑平均功率，并且计算速度慢组左右脑平均功率差异显著，计算速度快组左右脑平均功率差异接近显著性水平。计算速度快组和慢组脑波功率左右逆转百分率的差异主要反映在后脑，后脑功率左右逆转在逆转总数上计算速度快组多于计算速度慢组。

心理的发展与脑的成熟有一致性，沃老师用新的技术手段"超慢涨落分析"技术研究了儿童大脑发展的新特点，很有意思，他的研究思路和角度真的很不一样，与当前研究脑机制的手段如核磁共振（fMRI）、诱发电位（ERP）、脑血流图（PET）、快速经颅磁刺激（rTMS）等不同。

文章题目：小学生不良情绪状况的特点研究

资料来源：中国临床心理学杂志，2003年第2期

摘要：目的：研究我国小学生的不良情绪状况的年龄特点。方法：采用自编的小学生不良情绪量表，从全国三个不同的地区（城市）选取小学三年级到六年级被试3315名，测评其焦虑、抑郁、孤独、敌对、恐惧情绪，并进行有关统计分析。结果表明：小学生不良情绪存在地区差异和年级差异。结论：我国小学生情绪状态总体发展良好。

关键词：小学生；不良情绪；特点

文章主要结论：

本研究结果表明，小学生男生的不良情绪的得分在五个维度上普遍高于女生，我们认为这或许是因为小学男生相对于女生来讲更好动一些，男生在学校或者家里都显得更活泼，甚至贪玩、淘气，这与家长或者教师所要求的小学生要遵守纪律等往往发生矛盾或冲突，因此他们所遭受的来自于社会、家长或者教师的批评或指责相对来说较女生多一些，这些无疑会给小学男生带来相应的不良情绪反应，故此他们的不良情绪的得分会较女生高一些。本研究结果也表明了小学生的不良情绪存在显著的地区差异，我们认为这或许与的文化差异存在一定的关系，或许是不同的地区文化教育导致了这样的地区差异。

本研究结果显示，在小学生的不良情绪方面，虽然总体状况良好，但是我们也要注意到，还有一定比例的学生存在严重的不良情绪现象。我们在肯定以往学校所做的心理健康教育工作的成效的同时，也不可忽视那些需要引起我们重视的存在心理问题的学生。为了培养具有良好素质的、适应社会未来发展的优秀人才，我们应该从小学抓起，切实落实中小学心理健康教育工作。

思考1：小学生不良情绪存在显著的地域差异，这是很有意思的，还可以做研究，研究哪些因素带来了这种差异。除了文化、教育，是否还有别的因素？

思考2：本研究发现有一定比例的小学生存在严重的不良情绪，那么对于这些存在不良情绪的孩子，应该如何干预？有效的策略是什么？学校和家庭在以后的教育中应该注意什么？这些都是需要进一步探讨的。

第七章　青少年的心理发展

本章知识结构：

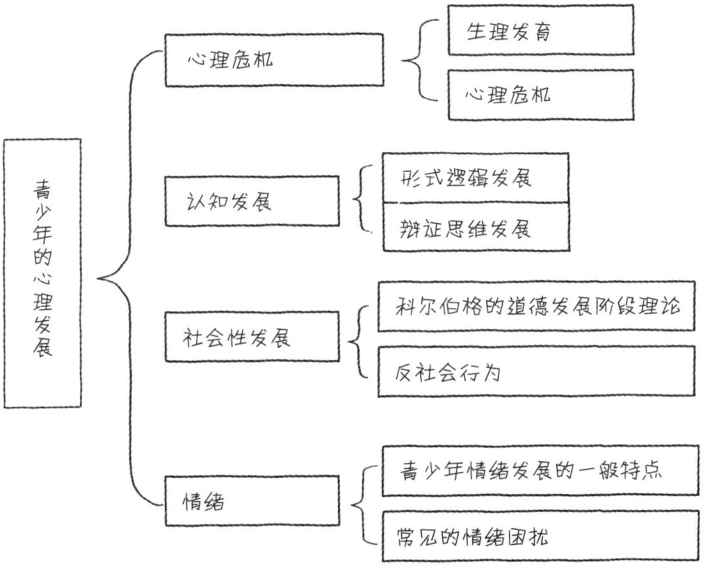

第一节　初中生面临的心理危机

一、生理发育

（一）外形的变化

1.身高

男生进入身高生长加速期的平均年龄是13岁左右，14岁左右达到生长高峰，然后生长速度逐渐下降，到15.5岁时，又退回到以前的生长速度。

女生的这一过程要先于男生近两年，她们大多数人从9岁左右开始进入身高生长加速期，12岁左右达到生长高峰。

2.体重

我国城市男生在13—15岁这段时间，体重增加最快，平均每年增长5.5kg，14岁是增长高峰，15岁以后增长速度迅速下降。

城市女生在11—14岁时体重增加最快，平均每年增长4.4公斤，12、13岁是增长高峰，14岁后增长速度迅速下降。

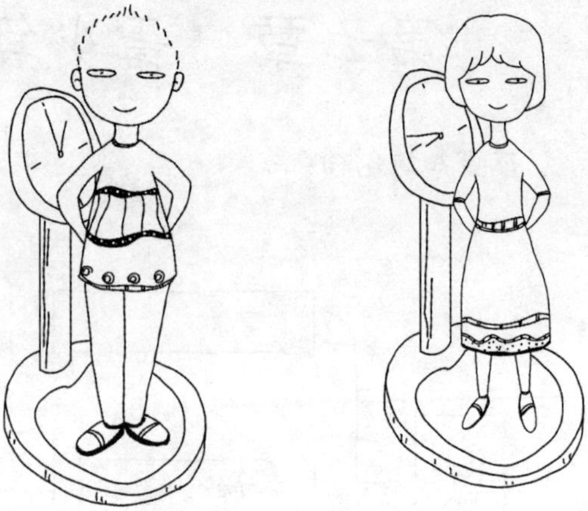

3.头面部的变化

较低的额部发际逐渐向头顶部及两鬓后移，嘴巴变宽，原来较为单薄的嘴唇开始丰满。

童年期那种头大身小的特征逐渐被头身比例协调的身体姿态所取代。

4.体内机能的增强

（1）心脏压缩机能的增强

首先，在形态上，为了保证青春期生长发育突增的需要，作为人体运输系统的心血管系统也出现了第二次生长加速。

其次，在机能方面，主要表现为心率、脉搏开始减慢。

（2）肺的发育

12岁左右，肺重量为出生时的10倍，在整个青春期中，肺活量将比青春期前增加1倍多，男女生肺活量存在显著差异。

（3）肌肉力量的增强

初中生体重的增加表明了肌肉和骨骼发生了变化。在肌肉力量的发展水平上，男女生之间也存在着明显的差异。

（4）大脑的发育

在量的方面，初中生脑重及脑容积的增长不显著；在质的方面，这时期脑的发展则有较大进展。

（二）第二性征的出现

1.在男性身上，第二性征主要表现为喉结突出、嗓音低沉、体格高大、肌肉发达、唇部出现胡须、周身出现多而密的汗毛、出现了腋毛和阴毛。

2.在女性身上，第二性征则表现为嗓音细润、乳房隆起、骨盆宽大、皮下脂肪较多、臀部变大、体态丰满、出现了腋毛和阴毛。

（三）性的发育与成熟

生殖系统是人体各系统中发育成熟最晚的，它的成熟标志着人体生理发育的完成。

1. 性激素的增多；2. 性器官的发育；3. 性机能的发育。

二、初中时期心理发展的矛盾性特点

初中生的生理发育非常迅速，在两三年内就可以完成身体方面的生长发育，并且达到成熟水平；但是心理发展的速度却相对迟缓，因此初中生的身心处在一种不平衡的状态中，引发各种心理发展上的矛盾。

（一）生理变化对心理活动的冲击

1. 由于初中生身体外形的变化，让他们产生了成人感，同时在心理上也希望尽快进入成人世界，以体验成人世界的角色和意义。但就在对成人世界追求的过程中，产生各种困惑。

2. 由于性的成熟，初中生对异性产生了好奇和兴趣，萌发了与性相联系的一些新的情绪情感体验，产生了一种对性的渴望，但又不能公开表达这种情绪，所以由此产生强烈的冲击和压抑感。

（二）心理上成人感与幼稚感的矛盾

初中生的心理处于矛盾状态，一边是半成熟，一边是半幼稚。

成熟性体现在初中生产生了对成熟本身的强烈追求和感受，这来自于身体的快速发育及性的成熟。他们渴望社会、学校和家长能给予他们成人式的信任和尊重。

幼稚性表现在他们思考问题的方式、认知能力和人格特点以及社会经验等方面上。比如，思考问题的方法上带有很大的片面性以及表面性。在认知能力上，虽然是以抽象逻辑思维为主体，但是依然处于从经验型向理论型过渡的时期。在人格特点上，还缺乏成人那种深刻、稳定的情绪体验。另外，初中生的社会经验也非常欠缺。

初中生存在心理上的成人感和幼稚感所造成的矛盾：

第一个心理冲突是反抗性与依赖性。一方面，初中生由于产生了一种强烈的成人感，所以渴望独立，不愿意听从父母、老师定下的规则或者意见，叛逆心理开始出现，常处于与成人相抵触的状态中。而依赖性是因为初中生还无法独立，内心还无法摆脱对父母的依赖，主要表现在希望得到父母和老师的理解、支持与爱护。

第二个心理冲突是闭锁性与开放性。初中时期，他们渐渐将自己的内心封闭起来，有了自己的小心事，不愿意把所有的事情都往外说了。另一方面，他们又感到孤独和压抑，渴望打破这种状态，希望有人过来理解自己和关心自己，因此他们渴望有朋友，一旦发现有真心朋友，又会把心事和盘托出，所以表现出了开放性。

第三个心理冲突是勇敢和怯懦。一方面，“初生牛犊不怕虎”，天不怕地不怕，在主观意识上不会受到太多条条框框的限制。同时又表现出怯懦，这与他们缺乏足够的社会经验，以及青春期特有的心理特点是分不开的。

第四个心理冲突是高傲和自卑。一方面初中生不能客观地评价自己的潜能和个性，仅凭一时良好的感觉做出判断，所以在某些时候表现得过于自信和自我感觉良好。另一方面，他们又会因为偶然的失误和挫折而产生极度的自卑。

第五个心理冲突是既否定童年又眷恋童年。进入初中的儿童，身体发育迅速，他们认为自己应该是成人了，应该同较小的孩子区别开来。另一方面，他们又留恋童年生活，留恋那时候的无忧无虑，留恋那时候父母对自己的呵护和关照。

（三）出现心理及行为偏差

因为青春期身心发展不平衡，所以一旦处理不好就会导致很多不良后果，比如心理或行为偏差、心理紊乱、自杀倾向、青春期精神分裂、神经官能症、躁狂症，等等。家长和老师一旦发现儿童出现这些问题，就要尽早帮助调整和救治。

莺儿的成绩并不差，甚至可以说很优秀，为什么她产生了很多行为偏差？为什么她想退学？

莺儿并不是精神上出了问题，她的心智很正常，只是缺少人际交往的观念、技巧，以及最基本的自信和保护自己的意识。

如果对莺儿做心理疏导和行为训练的话，应该怎么做？

第一步是自信心的训练和培养。孩子自信了，人际交往困扰就有可能在实践中慢慢地自己去总结和探索，但是如果没有自信，就没有成长的机会；没有自信，别人就会欺负你，把你当成不正常的人。提升孩子自信的方法，除了父母和老师的鼓励和支持外，还需要做一些具体的训练。

第二步，训练孩子基本的人际交往技巧和自我保护意识。当然，也不要让孩子刻意地关注人际交往本身，否则就成负担了。让孩子把精力放在学习上，该干嘛干嘛就行了。平时面对别人要微笑，不要冷漠，注意多关心别人，用行动帮助别人，而不是把注意点放在别人怎样对待自己上，更不要傻傻地看着别人。

第三步，孩子自己的人际交往问题尽量让他（她）自己去解决，而不是家长出面太多或求助于老师。当然，假如孩子严重不自信，或者严重缺乏交往技巧，则要帮助孩子一步一步地学习交往，直到独立为止。

第二节 认知发展

一、形式逻辑思维的发展

初中阶段以形式逻辑思维为主，高中阶段以辩证逻辑思维为主。

（一）初中生形式逻辑思维的发展

所谓形式逻辑思维就是可以在头脑中把形式和内容分开，可以离开具体事物，根据假设来进行逻辑推理的思维。这一思维的抽象逻辑性体现在以下几方面。

1.运用假设的能力

研究表明，初中生在面临智力问题时，并不直接找结论，而是通过逻辑分析和实验证明去对每一种可能性进行验证，最后得出结论。这一过程说明初中生具有建立假设及检验假设的能力。

运用假设的能力是抽象逻辑思维的重要特征。

2.逻辑推理能力

从初中一年级起，学生已具备了各种推理能力，但是不同年级间在推理发展水平和推理运用水平上具有明显差异。初一学生虽然已经开始具备各种推理能力，但还是初步的，在演绎推理方面的能力还比较差；初三学生的演绎推理能力有了明显的发展。

初中生的逻辑推理能力的发展是不平衡的，总体来讲，归纳推理的能力高于演绎推理的能力。在对各种演绎推理的掌握上，发展的先后顺序依次是直言推理，其次是复合推理和选言推理，最后是连锁推理。初中生推理运用水平的发展顺序依次是排除推理中的干扰、改正错误、运用推理去解决问题。

3.运用逻辑法则

初中生对各类逻辑法则的掌握主要表现在对于矛盾律、排中律和同一律的认识上。研究表明，初中生掌握不同逻辑法则的能力存在着不平衡性，依次是矛盾律、同一律与排中律。

矛盾律：形式逻辑的基本规律之一。要求在同一思维过程中，对同一对象不能同时做出两个矛盾的判断，即不能既肯定它，又否定它。如不能说“水是物质”，同时又说“水不是物质”，这两个判断中必有一个是假的。矛盾律要求思想前后一贯，不能自相矛盾。公式是：“甲不是非甲”或“甲不能既是乙又不是乙”。

排中律：传统逻辑的基本规律之一。通常被表述为A是B或不是B。传统逻辑首先把排中律当作事物的规律，认为任一事物在同一时间里具有某属性或不具有某属性，而没有其他可能。排中律同时也是思维的规律，即一个命题是真的或不是真的，此外没有其他可能。比如：既说“此矛锋利，无坚不摧”，又说“此盾坚固，任刺不入”，这就违反了排中律的原理。

同一律：是形式逻辑的基本规律之一。就是在同一思维过程中，必须在同一意义上使用概念和判断，不能混淆不相同的概念和判断。公式是：“甲是甲”或“甲等于甲”。包括三方面的内容：

（1）思维对象的同一。在同一个思维过程中，思维的对象必须保持同一；在讨论问题、回答问题或反驳别人的时候，各方的思维对象也要保持同一。

（2）概念的同一。在同一个思维过程中，使用的概念必须保持同一；在讨论问题、回答问题或反驳别人的时候，各方使用的概念也要保持同一。

（3）判断的同一。同一个主体（个人或集体）在同一时间（相应的客观事物处于相对稳定状态时）从同一方面对同一事物做出的判断必须保持同一。同一律要求思维的确定性，但是并不否认思维的发展变化。它完全是针对思维过程来说的，并不要求客观事物保持同一，绝对不变。

初中生抽象逻辑思维的发展还体现在对概念的掌握上。进入青春期之后，初中生逐渐掌握了更多的抽象概念和更复杂的概念系统。

（二）高中生形式逻辑思维的发展

青少年晚期（高中阶段）形式逻辑的发展主要表现在概念、推理和逻辑法则的运用能力这三个方面的发展特点上。

1.高中生概念的发展

初一年级大多从功用性或具体描述水平定义事物；初二、初三年级接近概念的本质定义或做具体解释；高中阶段接近本质定义和本质定义水平的人比初中多，同时还能较准确地对社会概念、哲学概念和科学概念做出定义。

2.高中生推理能力的发展

初中生已经具备全部推理能力，但属于初级水平；从高一开始，推理能力迅速发展；高二以后基本到达成熟水平。

3.高中生运用逻辑法则的发展

初中生已基本掌握并能运用逻辑法则，到高二年级，学生在掌握和运用逻辑法则方面已趋于成熟。

二、辩证思维的发展

1.概念

辩证思维是指反应客观现实的辩证法，是主体自觉或不自觉地按照辩证法所进行的思维。

2.青少年辩证思维的发展趋势

初一学生已开始掌握辩证逻辑的各种形式，但水平较低；初三学生辩证思维则处于迅速发展阶段，是一个重要的转折时期；高中学生的辩证逻辑思维已趋于占优势的地位。

谈到中学生的认知发展，不得不谈到学习问题。很多中学生学习不努力，得父母求着、揪着才能学习。那么问题出在哪里？就出在家长身上。一个孩子的成“人”与成“才”，哪个才是家长的责任？家长一定记住，成“才”是孩子的责任，成“人”是家长的责任。

所谓成“人”，指的是做人的道理，适应社会的能力，与人打交道的能力。这是家长要指导孩子的，这是家长的责任。孩子没有社会经验，他（她）不懂得这些。虽然孩子成绩是第一名，但是从学校毕业后，走到哪里都不受欢迎，谁都不喜欢，不会说话，不懂得礼仪，做事冲动、唐突，不懂得合作，不懂得体谅别人，再优秀又有何用？这带给孩子的痛苦将是一辈子的。

为什么说成“才”是孩子的责任呢？从字面上理解，学习和将来的事业是孩子自己的事，需要他（她）亲自去做，那当然是他（她）的责任。从现实的角度分析，孩子假若不把成“才”当成自己的责任，他（她）就不会意识到学习和成才是自己的责任，他（她）会认为是为家长为老师而学习的。很多学生之所以不愿意学习，是因为家长把孩子学习的责任从幼儿园一直扛到高中，孩子对自己缺乏最起码的责任感，所以到最后就不学了。最后就是变成家长求着、揪着孩子学习了。

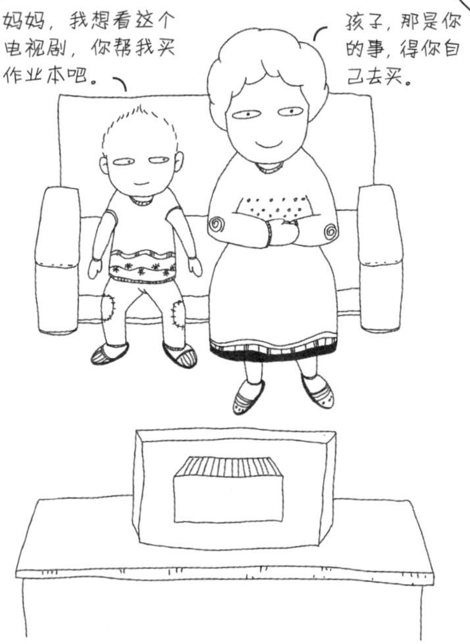

那家长怎样让孩子主动担起成“才”的责任呢？

首先，家长不要过于忧虑孩子的学习，关心是必须的，但别过度紧张。

第二，孩子学习的事，让他（她）自己去办，家长不要跑前跑后忙得比孩子还欢。孩子若说：妈，你帮我买作业本吧，我的电视没看完呢。这时候怎么办？家长要这么回答孩子：“妈妈工作一周太累了，想在家休息，我还要帮你爸爸办件事，所以你自己去买吧。”相信孩子不会说什么的，长此以往，孩子会慢慢捡起本属于自己的责任。

第三，我们要明白，学习是终生的事，不仅仅是为了考试（中考或高考）。假若家长明白这个道理，便不会因为孩子降低了一个名次而睡不着觉，孩子在父母良好心态的熏陶下，更不会发生考试焦虑这件头痛的事了。

第三节　社会性发展

一、柯尔伯格的道德发展阶段理论

心理学家柯尔伯格（C.Kohlberg）利用两难故事研究了儿童道德发展的阶段及规律，根据研究，他提出了道德发展的三种水平、六个阶段。

1.前习俗水平

（1）出现在幼儿园及小学低中年级阶段。

（2）该阶段的主要特征是儿童遵守规范，但尚未形成自己的主见，着眼于人物行为的具体结果与关心自身的利害。

（3）此阶段又可分为以下两阶段：

惩罚和服从定向阶段。个体还缺乏是非善恶观念，为逃避责备或批评而盲目服从。

工具性的相对主义定向阶段。以行为后果带来的赏罚来判断是非。

2. 习俗水平

（1）出现在小学中高年级，一直到青年、成年。

（2）此阶段特征是个人认识到团体行为规范，进而接受并付诸实践。

（3）此阶段又可分为以下两阶段：

人际协调的定向阶段。个体按照人们所称的好孩子的要求去做，以得到别人的赞许。

维护权威或秩序的定向阶段。服从团体规范，尽本分，尊重法律权威。

3. 后习俗水平

（1）此阶段发展已超越现实道德规范的约束，达到完全自律的境界，年龄至少是青年期人格成熟之后，这个阶段为理想的境界。

（2）此阶段又可分为以下两阶段：

社会契约约定定向阶段。有强烈的责任心与义务感，尊重法制，但相信它是人制定的，不适合时可以修正。

普遍道德原则的定向阶段。有个人的人生哲学，对是非善恶有其独立的价值标准。对事有所为有所不为，不受现实规范的限制。

二、反社会行为

1. 反社会行为是指违背社会行为、道德规范，损害社会或公众利益的行为。

2. 一般认为，青少年反社会行为与青少年认知不成熟有关，在同龄人的压力或影响下，容易做出反社会行为；但随着年龄的增长，认知能力逐渐趋于成熟，同龄人对个体的影响力减弱。

第四节　情绪

儿童进入中学以后，情绪相比以前发生了很大的变化，很多父母发现孩子很难沟通了，情绪不稳定，有时候莫名其妙地不理自己了，不能说他（她）一点不好，否则就发火、冲撞你。

这是因为随着初中生心理能力的发展和生活经验的扩大，其情绪的感受和表现形式不再像以往那么单一了，但还远不如成人的情绪体验那么稳定，表现出明确的两面性。

一、青少年情绪发展的一般特点

（一）外部情绪的两极性

1.强烈、狂暴与温和、细腻共存

情绪不稳定是青少年特有的情绪特点。青少年的情绪表现有时是强烈而狂暴的，有时却表现出温和、细腻的特点。

所谓温和性是指人们的某些情绪在文饰之后，以一种较为缓和的形式表现出来。所谓细腻性主要是指情绪体验上的细致和精确的特点。

2.可变性与固执性共存

情绪的可变性是指情绪体验不够稳定，容易转换。情绪的固执性是指情绪的顽固性。由于青少年思维的灵活性尚未成熟，在对客观事物的认识上，还存在着偏执性的特点。

3.内向性与表现性共存

青春期的个体逐渐失去单纯与率直，在情绪上逐渐变现为隐蔽性、内向性；但有时为从众或其他想法，常将某种原本的情绪夸张地表现出来。

情绪的内向性，是指情绪表现形式上的一种隐蔽性。情绪的表现性，是指在情绪表露过程中，自觉或不自觉地带上了表演痕迹。

（二）内部表现的两极性

研究表明，青少年写日记的心理特征往往表现为坦白性与秘密性，真实性与虚伪性、自我批评与自我安慰等矛盾状态。

（三）意志的两极性

在中学阶段，青少年始终共存积极性与消极性、认真与马虎，努力与懒惰、守纪与散漫、果断与犹豫等矛盾。

（四）人际关系的两极性

主要表现为对双亲的正反两面的矛盾情感，例如孝顺和顶嘴。还有朋友关系中的友情与孤独，参与和旁观，等等。

（五）容易移情

移情指当一个人感知对方的某种情绪时，他自己也能体验到相应的情绪。青少年更容易在情绪上引起共鸣、感染和同情。

二、常见的情绪困扰

儿童在步入青春期后，由于生理上的巨大变化，导致其在心理整合的持续性环节和统一性环节都出现了暂时性的混乱，结果出现了一些情绪上的困扰。

（一）烦恼突然增多

1.不知道应该以何种姿态出现于公众面前

中学阶段往往很关注自己在他人心目中的形象，渴望得到他人的承认与喜爱，故经常关注自己的穿着、打扮、言行，等等，但又总不能令自己满意。

在孩子的青少年时期，老师和父母要学会观察孩子的表现，根据孩子的情况加以鼓励和支持。如果处理不好，孩子会在这个时候出现各种问题，尤其是心理问题，不仅影响学习，更会影响一生。过度的自卑、过度的敏感、过度的骄傲，等等，都是青春期烦恼的表现。一般来说，心理问题会集中在高中阶段爆发，比如各种心理障碍、精神分裂、行为强迫、抑郁症，等等。可以说，中学阶段是美好的，同时也是坎坷的。如何顺利度过青春的河流，是青春期一项重要成长课题。

2.与父母关系出现裂痕

由于自我意识高涨，感觉到父母不能理解自己，造成与父母感情的疏远。但又为如何争得父母的理解与支持、如何恢复与父母的关系以及谁对谁错等问题而困扰。

在青春期，最突出的问题之一就是跟父母关系的变化，很多父母发现跟孩子无法沟通，一谈就崩。原因就在于父母对孩子的态度没有跟上孩子成长的节奏，或者试图控制孩子，希望孩子像以前那样听自己的话，或者像成人那样理智。而孩子也期望父母既能给自己以呵护，同时又能尊重自己。只要父母和孩子有一方没有调整好自己的心态和行为，就会出现沟通障碍，甚至出现裂痕。

3.不知如何保持或确立自己在同龄人之中应有的地位

这有两种情况，一是以前优秀的学生，如何在同伴中继续保持优越的地位；二是以前并不曾优秀的学生，由于自我意识高涨而急切得到同伴的尊重与理解。

这个难题，对于中学生来说是很普遍的，所以家长和老师尤其要注意引导孩子。不是教导，而是引导和讨论。不要告诉孩子你应该怎么样，更不要带着一种指责和抱怨的语气跟孩子说话，那肯定是不行的。中学生虽然看起来老大不小了，但是心理并没有成熟，他们往往并不知道如何保持或确立自己在同伴中的地位，这时候可以通过先问问题然后再讨论的方式，让孩子明白应该怎样做。有时候是一种理念，有时候可能是具体的方法。

（二）孤独

青春期的到来，面临着断乳期，所谓断乳期指的是青少年从家庭中独立的过程。如果在这一过程中产生一些认识错误的话，可能会引起生理疾病或心理不适应。

由于在断乳期，他们有强烈的独立要求与愿望，但实际上又无能力解决许多生活中的问题，也不愿向父母或其他人寻求帮助，故产生一种孤独感。

（三）压抑

压抑是当需求、愿望得不到满足时产生的一种心理体验。

随着青春期的到来，产生了生理需要与心理需要，但由于现实的原因，受到各方面的阻碍与限制，故产生压抑感；另外，青少年的自尊心易受打击，但又争强好胜，经常处于矛盾状态，受到压抑。

压抑和孤独感，可能会影响到成年以后的人格品质的形成，以及对待生活和人的态度，甚至可能是引发后期犯罪的源头。

本章总结

主要内容

青少年生理发育、青少年认知发展、自我发展、社会性发展、青少年情绪发展。

重点

青少年认知发展、自我发展、社会性发展、情绪发展。

难点

青少年认知发展、青少年自我同一性的发展、青少年的社会性和情绪发展。

练习题

一、青少年辩证思维发展的特点是什么？

二、简述青少年的一般心理特点，以及这些心理特点是怎样体现出来的。

三、怎样理解初中生将要面临的心理危机？

四、青少年自我意识的发展有什么新的特点？这些特点在教育上有什么意义？

沃老师说：光有梦想还不够，还要看你是否具备一定的决心！

拓展学习：沃老师文章

文章题目：帮学生树立自信

资料来源：思想政治课教学，1999年第11期

文章内容选摘：

自尊与自信，是一个身心健康的人所具备的积极的心理品质。它来源于人对于自己的积极评价和肯定。一个人如果失去了自尊与自信，就会失去积极进取的信念，就会失去对生活的良好感受，就会失去对明天美好的期盼。

对于中学生来说，自信心对学业成绩、人际关系的影响是很大的，很多学生因为不自信，导致出现很多问题。

帮助学生树立自信，首先要使他们明白自信的重要性，以及失去自信的危险。

帮助学生树立自信，重点之一是要帮助他们学会正确对待别人的批评。

帮助学生树立自信，要注意对学生进行行为训练和积极的自我暗示。

最后想对老师们说的是：成功树立自信心是良好人生的开端。也可以这么说，开启学生良性循环的人生之道的金钥匙把握在我们教师手中。

正确对待别人对自己的评价，这一点很重要。有个成绩很好的孩子因为害怕考试考差了老师和同学看不起自己，于脆装病不去考试。所以，老师和家长在鼓励孩子的同时，更要让孩子接纳失败，并且从失败中吸取教训，勇于改进。

老师们作为对学生影响甚大的人，一定要把握好手中的这把钥匙。或许你的一个眼神就点亮了一个自信的灯塔，或许你的一个手势就挽救了一个自卑的心灵。但同时，或许一不小心，你的一句话就能毁灭一个美好的未来，你的一个行为就能打破一个宁静的天堂。

文章题目：心理素质——心理的第一块基石

资料来源：思想政治课教学，1999年第21期

文章内容选摘：

1. 我们要培养什么样的人才

当今，国际形势风云变幻对中国提出了严峻的挑战。我们国家的发展需要什么样的人才？我们培养怎样的人才才能适应国际大环境，才能极具创造力，做出杰出成就？首先，无法回避的，便是培养学生良好的心理素质。

很多人会把心理素质教育同日常学习生活对立起来，以为上单独的心理素质课太费时间，耽误文化课的学习。其实这种想法错了，心理素质教育在文化课学习过程中就可以进行，两者并非对立，而是相得益彰的。

2. 学生不是机器，他们也有想法

每一个孩子都是一个活生生的个体。他们有他们与众不同的感受，有他们自己的思想，他们不是一个只会被动接受知识的机器，教师要明白学生的学习是一个主动获得知识的过程。学生在成长中总免不了会产生一些心理问题，我们的教师要特别关注他们，对他们平时的点滴进步都不能忽略，应及时反馈。教师的任务不仅仅是教学，更重要的是培养学生的积极性和激发学生学习的主动性，教他们更好地去学习。

3. 教师应做……

提倡心理素质教育，重心并非仅在学生，教师自身的心理素质也至关重要。

文章题目：教学生读书

资料来源：思想政治课教学，1999年第12期

文章内容选摘：

教学生读书，首先要了解他们的读书情况。

教学生读书，要教会他们选择合适的书籍。

重视对学生的“导读”。

这一环的教学是这节课的重点，可以分为以下几个步骤：

一、和学生一起讨论选择图书时应该考虑的因素；

二、教学生一些图书分类知识。

教学生读书，一定要教会学生阅读技巧和读书方法。

有人说，“如果一个孩子从小花费在电视上的时间远大于看书、读书的时间，那这个孩子基本上就毁了。”虽然这句话不一定完全准确，却给我们很大的启示，一个孩子看电视太多，往往就被剥夺了大量思考的机会，因为电视节目可以不用太多思考；而读书则不同，文字通过眼睛传递到大脑，是需要再现当时的场景的，更需要思考它的来龙去脉，所以在这个过程中，不仅掌握了知识，更提升了思考能力，养成了良好的思考习惯。

文章题目：唤醒心中的巨人

资料来源：思想政治课教学，1999年第10期

文章内容选摘：

西方思想家有句名言：“太阳每天都是新的。”

不论是伟大的发明家还是背着书包的小学生，他们心中都蕴藏着无穷的创意。正是思维超越了具体的时间，马克思才能构想出数百年之后人类所采取的社会制度；当思维超越了具体的空间，爱因斯坦才能够在思维中追随光线进入太空，发现新的时空性质；当思维超越了具体的事物，一位小学生也能够看出传统雨衣的“缺陷”，设想出能防止雨水淋湿鞋袜的新型雨衣。

首先，测一测学生的创造力水平。

其次，教师带领做培养创造力的练习。

第三，组织学生讨论阻碍创造力的原因。

每个人生来都具有非凡的创造力，只可惜受环境和教育的影响，不少孩子的创造力人为地变成一定的模式，或者干脆消失了。能够懂得保护学生创造力的老师是伟大的，能够拥有这样一位老师的学生则是幸运的。

文章题目：《中学生聚合思维发展特点的研究》、《中国青少年创造力的发展研究》等。

一、青少年自我发展的一般特征

（一）自我评价

1.概念

自我评价是指主体对自己的思想、愿望、行为和人格特点的判断和评价。

2.青少年自我评价的发展特点

(1) 自我评价的独立性和依附性

早先的自我评价主要以周围的人为参考，但随着年级的上升，自我评价逐渐独立，到初中二年级时，学生的独立自我评价能力逐渐稳定。

(2) 自我评价的具体性和抽象性

低年级的学生只能从具体的外部表现，如行为结果来评价自己，不能从内部动机剖析自己，但随着年级的增高，逐渐能从理论的高度来抽象地评价自己了。

(3) 自我评价的原则性和批判性

进入中学阶段，青少年明显地表现出从道德原则出发进行自我评价，并显示出一定的全面性与深刻性。从初中开始，学生就能全面地评价自己的行为，分析自己的个性品质，到初三以后，自我评价的深刻性和全面性进一步发生质变。

我认为，虽然中学生的自我评价在不断走向客观和真实，但是依然在很大程度上受到别人尤其是父母或老师的影响。这对父母和老师也提出一个挑战：对初高中的孩子，既不能当成小孩子来呵护，也不能当成成年人来要求。但是恰恰有很多父母，面对成长中的孩子，一方面不愿意放手，担心孩子做不好；另一方面又拿成人的高标准来要求孩子，比如“都这么大了，应该懂得主动学习了，应该懂得珍惜时间了，应该懂得如何跟别人交往了，应该……”。两个极端思想都是不对的，都是不适合初高中孩子的心理发展的。父母或老师不恰当地评价或者要求，会对孩子造成创伤或者加剧逆反心理。

(4) 自我评价的稳定性

自我评价的稳定性反映出中学生在评价中的负责任态度和其所采用的标准是否一致。

研究表明，随着年级的升高，中学生自我评价的稳定性越来越好。

（二）自我体验的发展

1. 成人感

成人感指青少年感到自己已经长大成人，渴望参与成人角色，要求独立，希望得到尊重的体验和态度。

随着青春期的到来，伴随着身体的剧烈变化，青少年渴望得到老师、父母的尊重，希望他们像大人一样被对待，这种心理的变化从初中开始，并逐渐疏远父母，寻找志趣相投的伙伴。

2. 自尊感

自尊感是社会评价与个人的自尊需要之间相互关系的反应。

步入青春期的青少年，急切地渴望自己的才能、人格、工作等得到别人的尊重，但这种自尊感容易走极端。当自尊得到满足时，他们往往容易得意忘形，当自尊得不到满足时，容易妄自菲薄，自暴自弃。

3. 从封锁性到自卑感

青少年心理发展出较明显的封锁性，这是这个阶段自我体验的一个重要表现形式，随着闭锁性的发展，青少年到了高中容易出现自卑感。

> 正因为成人感的到来，所以父母要学会放手，让孩子自己承担，让孩子体验成人世界的责任和自尊，以及担当的成功体验，这正是孩子走向成熟、自信、责任、自律的最佳教育时机。

（三）青少年自我控制的发展

初中生自我控制能力的发展虽然以内部动力为主，但不稳定和不持久，一方面，他们的思想方法开始转向以内部归因为主；另一方面，他们又过高地估计了自己的力量与形象。

高中生能稳定而持久地控制自己，且主要思考自己的前途、理想问题。但在主观我与社会我之间、理想我与现实我之间存在矛盾。

二、青少年自我同一性的发展

1. 自我同一性是艾里克森提出的，他认为青少年期（12岁到18岁）的主要心理发展任务之一是自我同一性的确立及防止同一性扩散，体验忠诚的实现，但这并不意味着同一性只发生在这一时期，同一性的发展是贯穿整个一生的课题。

2. 青少年要完成自我同一性需要对以下七个方面进行整合：

（1）时间前景对时间混乱；

（2）自我肯定对冷漠无情；

(3) 角色实验对消极认同；

(4) 成就预期对工作瘫痪；

(5) 性别认同对性别混乱；

(6) 领导的极化对权威混乱；

(7) 思想的极化对观念混乱。

3．青少年刚迈入青春期，没有能力持久地承担义务，要做决定的事情太多太快，故千方百计地延缓承担义务，避免认同提前完结内心需要，这个过程一般较痛苦，但它会促进整合。

文章题目：自律——素质教育的“细胞”

资料来源：思想政治课教学，2000年第1期

文章内容摘要：

自律是素质教育不可缺失的“细胞”。自律是人格修养的一个重要方面，它主要指人应该以一定的标准和行为规范来要求自己、约束自己。自律是中学生成长过程中必须学习的一课。学会自律的过程也就是他们从一个不懂事的孩子成长为一个有责任感、有原则的人的过程。因此，帮助学生学会自律，就是帮助学生学会做人，适应社会，以免由于不良的社会适应性而滋生出各种心理疾病。这对学生健康成长的重要影响不可低估。

在现实生活中，常常会发现不少孩子自律性较差，管不住自己，不能约束自己，随心所欲，想做什么就做什么。其实，孩子不自律的背后，也说明了现在的孩子对人、对事缺乏足够的敬畏感，即使因为不克制自己而犯了错，也得不到有效的惩罚，那么时间久了，孩子的自律性就会非常差，孩子长大也会缺乏责任感、缺乏原则，这对适应社会将带来不少困扰。

帮助学生学会自律，应从以下几个方面入手：

首先，在帮助学生学会自律的过程中，要注意与学生自我意识发展的水平相适应。

其次，帮助学生学会自律，要使他们真正明白社会规则、行为规范的重要意义。

另外，还可以给学生讲一些现实生活中可能发生的故事，描述一些两难问题，并要求他们解决。

帮助学生学会自律，还可以给他们讲一些榜样人物的典型事例。要使学生达到自律，仅仅理解社会规则和行为规范的重要意义是不够的。对于初一的学生来说，给他们讲一些榜样人物的典型事例，加强他们情感上的认同十分重要。

帮助学生学会自律，要注意不能急于求成。

帮助学生学会自律是一项长期而繁复的任务，需要教师做大量耐心细致的工作。

文章题目：中学生人际关系发展特点的研究

资料来源：心理发展与教育，2001年第3期

这是一项非常有意思的研究，要好好思考。

摘要：本研究选取北京、河南、重庆、杭州、新疆五地的1174名从初一到高三的中学生作为被试，采用《人际关系量表》，从与异性关系、同性关系、父母关系、教师关系、陌生人关系五个方面对中学生人际关系状况和发展特点做了测查。研究结果表明：（1）中学生人际交往水平从初一到初二明显下降，初三时有大幅度的攀升，高中阶段保持在一个较高的水平。女生的人际交往水平高于男生。（2）中学生与同伴交往水平较高，与异性同伴的关系要好于与同性同伴的关系；中学生与成人交往水平较低，与陌生成人的关系要好于与父母和教师的关系。（3）初二到初三女生与异性同伴交往水平迅速提高，初三后保持稳定；初二到高一男生与异性同伴交往水平迅速提高，高二后保持稳定；初三到高一中学生与同性伙伴的交往水平明显提升。（4）初一到初二中学生与父母和教师的交往水平显著下降，高中生与父母的关系有所改善，但与教师的关系一直处于较低的水平。随着年龄增长，男生与陌生人的交往水平逐渐提高，女生与陌生人的交往发展波动较大，初三和高三水平较高，初二和高一水平较低。

关键词：人际关系；中学生；发展特点

文章主要内容：

1. 中学生与同伴人际交往的发展特点

本研究表明，中学生与同伴的交往保持了较高的水平，与异性同伴的关系要好于与同性同伴的关系。而以往的研究认为同性关系要好于异性关系。我们认为造成这种差异的主要原因是：一是现在的中学生生理成熟年龄比以往提前了，因此他们更早对异性发生了兴趣，更渴望与异性交往；二是随着中学生日益接受西方文化的影响，他们的思想观念也发生了较大的变化，他们不再像过去那样压抑自己对异性的好感。但我们也发现，虽然初中女生与异性同伴的关系一直呈上升的趋势，但初一到初二男生与异性同伴的关系却明显下降。我们认为这是由于男女生生理成熟上的时间差异所造成的。女生身体发育一般比男生早两年左右，对异性的好奇和兴趣使她们较早地萌发与性相联系的一些新的情绪情感体验，并进一步产生与异性在心理上接近的需要。而初一、初二的男生正处于生理迅速成熟的时期，他们虽然也对异性发生了兴趣，但在最初阶段，他们对异性的兴趣却是以一种相反的方式予以表达，或者在异性同学面前表露出一种漠不关心的态度，或者在言行中表现出对异性同学的轻视，或者以一种不友好的方式攻击异性，因此他们与异性的关系也下降。而到了初三，随着中学生心理日趋稳定与成熟，对异性的好感也以正面的方式加以表达，因此他们与异性的关系也有大幅度的改善。

中学阶段，可以说是一个波澜壮阔的人生旅程，无论身心，都会经历一个非常大的转变。其中人际关系是一个极为重要的人生课题，这个问题解决不好，将会带给孩子一生的阴影。至于学业、社会适应，更是会受到影响。作为教育者，务必要十分重视这个阶段儿童的人际关系问题。

本研究还发现，初中生与同伴交往水平变动较大，高中生与同伴的关系基本稳定，保持在一个较高的水平上。我们认为，这是由于初中生心理处于由不成熟向成熟过渡的阶段，心理发展体现出较大的矛盾性，与同伴的关系也不稳定，而高中生生理和心理均趋于成熟与稳定，与同伴的关系也日趋稳定。

2.中学生与成人人际交往的发展特点

我们发现，中学生与成人的交往水平较低，与陌生成人的关系要好于与父母和教师的关系。我们认为这是因为：随着生理和心理的日益成熟，中学生产生了强烈的成人感，渴望融入成人的世界，但父母和教师仍然将他们当作孩子来看待。因此他们渴望从其他成人处获得认同。另外，随着年龄的增长，性格日趋稳定和成熟，他们也迫切要求从家庭、学校这个狭小的圈子里走出来，与陌生成人的交往机会增多，交往水平也逐渐提高。

我们发现，中学生与父母和教师的交往水平从初一到初二迅速下降，到了高中阶段与父母的关系有所改善，但与教师的关系一直保持在一个较低的水平上。我们认为这是因为：对于初中生来说，他们处于心理上的

“断乳期”，生理上的迅速成熟使他们产生了强烈的成人感，希望像成人那样对自己的事情做主。而父母和教师并没有尽快适应孩子迅速成熟这一变化，没能正确处理所带来的一系列问题，仍然把他们当作孩子，生活上和学习上对他们限制得过多。从而使初中生觉得父母和教师不理解自己，进而不愿和父母及教师交流，并对父母和教师的意见表现出很大的反抗性，与父母和教师的关系也就明显地下降。对于高中生来说，其心理发展日趋稳定，多数学生基本上能与父母保持一种肯定和尊重的关系，反抗性成分逐渐减少，因而与父母的关系有所改善。但高中生的自我意识和独立意识迅速发展，因此他们与父母的关系也就不可能恢复到初一时的水平了。博彻（Birch）等人的研究指出，良好的师生关系有利于儿童形成对学校积极的情感态度，积极参与班级、学校活动，与同学形成积极的情感关系，发展良好的个性品质和较高的社会适应能力，进而促进心理健康的发展；不良的师生关系可能使儿童产生孤独的情感、对学校的消极的情感，在学校环境中表现退缩，与老师、同学关系疏远，以及产生攻击性等不良的态度和行为，从而影响其学业成绩，进而造成辍学、心理障碍等现象。从本研究来看，我国中学生的师生关系和亲子关系不是十分良好，因此要引起高度重视，否则不利于中学生的健康成长。

中学生与父母和老师的关系到了初二迅速下降，说明初二这个阶段是中学生最叛逆，身心变化最大的时候，因此父母和老师在初二这个阶段要特别地注意。

3. 中学生人际关系发展的总趋势

本研究的结果表明，从初一到初二，中学生人际交往水平明显下降。我们认为这主要是由于初一、初二的学生身心发展不平衡所造成的。初一、初二的学生生理发育非常迅速，基本达到成熟水平。但其心理的发展速度则相对缓慢，心理水平尚处于幼稚向成熟发展的过渡时期。在这一时期，初中生的独立意识、自我意识迅速发展，思维自我中心再度出现，主要表现在过分地自我关注，而并不过多地关心别人，为别人考虑，这直接导致了他们的人际关系的质量明显下降。随着年龄的增长，初中生心理上的波动渐趋平缓，身心发展渐趋平衡，开始重新审视自己和他人的关系，学会关心别人，从别人的角度去考虑问题，因此，到初三时，其人际关系水平表现出大幅度的提高。到了高中阶段，中学生的心理基本成熟，人际交往的技巧也日益丰富，因此人际交往也保持在一个较高的水平上。

本篇文章对年龄差异、性别差异进行了详细研究，但对地域差异没有做研究，可以在后续研究中进一步探讨。

我们发现中学生人际交往水平存在明显的性别差异，女生的人际关系要好于男生。我们认为这和男女生身体发育的时间差异及男女生性格特点有关。一般说来，女生身体发育与性成熟比男生早一两年，心理的成熟也早于男生，因而人际关系水平在初中阶段始终优于男生。另外，男女生的性格特点也是造成差异的主要原因之一。由于社会角色期望的不同，男生比女生表现出更大的独立性和情感的内隐性，因此他们所表现出来的人际关系质量水平要低于女生。

我们还发现，中学生与同伴交往的水平明显高于与成人交往的水平。我们认为这主要是因为中学生生理上的迅速成熟，产生了强烈的成人感，逐渐将感情的重心偏向同伴，朋友关系在中学生的生活中变得日益重要。

文章题目：怎样引导学生正确认识自己

资料来源：思想政治课教学，1999年第21期

文章内容摘要：

认识自己，是人类意识区别于动物心理的重要标志。人总在不断地试图认识自己，特别是处于青春期的少年儿童。他们渴望认识自我的要求更为迫切。

关于认识自己，中学生往往表现出两个极端：一方面会过分地夸大自己，认为自己很了不起，很不愿意接受批评；另一方面，一旦遇到挫折，就会非常痛苦，紧接着走向另一个极端，认为自己不行，什么都做不好。如果调节不好，会变得非常自卑。还有一类学生，过分地敏感和自卑，太在乎别人的评价，对自己的认识负面比较多。这就需要老师进行恰当的引导。否则，到了高中就容易出心理问题。

教师要善于把握初一学生在此阶段的心理特点，引导他们大胆地走进自己的心理世界，正确地了解自己、接纳自己。具体操作如下：

首先，我们可以让学生说说自己。

其次，教师可以采用同伴间的评价来完善初中生对自我的认识。

第三，教师可以启发学生用发展的眼光看自己。

文章题目：留一份好心情

资料来源：思想政治课教学，1999年第9期

文章内容摘要：

第一，教师要帮助学生更好地认识自己的情绪，了解有关情绪的一些知识，使之快乐地成长。

第二，在上述基础上，教师可帮助学生进一步巩固加深对情绪重要性的认识。

第三，帮助学生克服自己的消极情绪，使他们从心理上健康地走向成熟。

第四，教师应指导学生制订一个切实可行的情绪训练计划。

每个初中生的情绪表现都是不一样的，对于情绪特别不稳定的孩子，比如有些学生会无控制地发脾气，除了课堂集体教学，我觉得还可以单独做一些行为训练，教给孩子控制自己情绪的方法。要有耐心，经过多次训练，孩子基本上可以控制住自己的情绪。

文章题目：中学生情绪调节能力的发展特点

资料来源：应用心理学，2003年第2期

摘　要：本研究选取北京、河南、重庆、浙江和新疆五个地区的13所中学，从初一到高三的中学生11855人作为被试，采用《中学生情绪调节能力问卷》对我国中学生的情绪调节能力的状况和发展特点做了测查。研究结果表明：（1）中学生的情绪调节能力随着年级的升高呈现上升的趋势，但到高二以后趋于平稳。（2）在高二时，女生的情绪调节能力逐渐超过了男生；在高三时，男生和女生的情绪调节能力没有差异。

具备情绪调节能力特别重要。有人曾说，谁驾驭了情绪这匹野马，谁就能走向真正的成功。

关键词：情绪调节；中学生；发展特点

文章主要结论：

通过研究，我们得出了以下结论：（1）中学生的情绪调节能力随着年级的升高呈现上升的趋势，但到高二以后趋于平稳。（2）在高二时，女生的情绪调节能力逐渐超过了男生；在高三时，男生和女生的情绪调节能力没有差异。

本研究对年龄以及性别差异做了分析，但没有对地域差异做分析比较，这在后续研究中可以进一步探讨。

文章题目：《青少年心理健康素质调查表》归因风格分量表的编制

资料来源：心理与行为研究，2006年第2期

这篇文章请保留，以后做量表编制时可以参考。

摘要：本研究从青少年心理健康素质角度出发，编制了青少年归因风格问卷。结合理论，采用访谈法和专家评定法确立了初测问卷的维度和条目，并通过项目区分度分析和验证性因子分析对初测问卷条目进行了修订，最终形成了包括内在外在性、暂时稳定性、可控不可控性以及整体局部性四个维度的正式问卷，经检验，问卷具有较好的信度和效度指标。

关键词：青少年；归因风格问卷；信度；效度

文章题目：《高中生成就动机物理学习成绩对其自我监控的影响》、《记忆状态下儿童青少年脑波超慢涨落特点的研究》、《青少年自我监控能力的发展研究》、《认知风格理论研究的进展》、《中学生成就动机的发展特点研究》，等等。

补充阅读：抽空再多看一些沃老师的文章。

第八章　成年期和老年期的心理发展

本章知识结构：

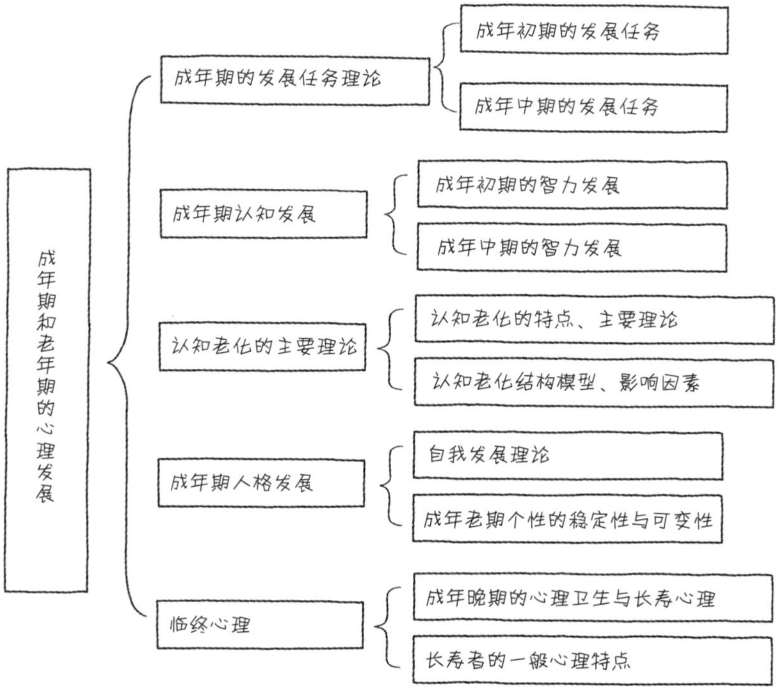

第一节　成年期的发展任务理论

一、成年初期的发展任务

（一）哈威格斯特的观点

哈威格斯特（R.J.Havinghurst，1952）就青年期的发展课题进行了系统的论述，共列举了八项青年期的发展课题。

1.学习与同龄男女之间新的熟练的交际方式。

2.学习作为男性或女性的社会任务及角色。

3.认识自己的身体构造，有效地使用自己的身体。

4.从精神上独立于父母或其他成人。

5.具有在经济上自立的自信。

6.选择职业及为其做准备。

7.做结婚及家庭生活的准备。

8.发展作为社会一员所必须具备的知识和态度。

（二）林崇德的观点

中国心理学家林崇德教授认为，成年初期的发展课题应该包括以下十个方面：

1.对身体的发育，特别是对因性成熟引起的诸多变化的理解和适应。

2.从精神上和经济上脱离父母并走向独立。

3.逐渐完善作为男性或女性的性别角色。

4.对新的人际关系，特别是异性关系的适应。

5.正确认识自己在社会中的角色，通过各种社会活动完善自己。

6.树立作为社会一员所必须具备的人生观和价值观。

7.掌握作为社会一员所必须具备的知识和技能并付诸于社会实践。

8.选择职业及工作适应。

9.恋爱、结婚及婚姻适应。

10.成就感的获得与自我实现。

二、成年中期的发展任务

（一）艾里克森的观点

艾里克森认为，人的一生可以分为既是连续的又是不同的八个阶段，每一阶段都有其特定的发展任务。由于发展任务存在完成得成功或不成功两种可能，就有两个极端，靠近成功的一端就形成积极的品质，靠近不成功的一端就形成消极的品质。

根据艾里克森的观点，成年中期处于第七阶段，发展的主要任务是获得创生感，避免停滞感，体验着关怀的实现。

（二）莱文森的观点

莱文森（Daniel Levinson）认为成人发展是由一系列交替出现的稳定期和转折期构成的。稳定期与转折期的区别就在于生活结构是否发生了变化。所谓生活结构就是个人的社会角色和职业角色的综合体。

按照莱文森的观点，中年大致指40—65岁这一阶段。该阶段的发展任务是巩固自己的兴趣、目标及各种承诺。

（三）哈威格斯特的观点

哈威格斯特（Robert Havighurst）曾于1974年提出了关于中年发展任务的观点。他认为，发展任务主要源于个人内在的变化、社会的压力以及个人的价值观、性别、态度倾向等方面。

根据哈威格斯特的观点，中年人还必须寻找消磨闲暇时间的新方式，新的方式往往能够反映出身体、兴趣、价值观、经济地位、家庭结构等方面的变化。

哈威格斯特把中年期的发展任务具体地归纳为如下七点：

1. 履行成年人的公民责任与社会责任。
2. 建立与维持生活的经济标准。
3. 开展成年期业余活动。
4. 帮助未成年的孩子成为有责任心的、幸福的成年人。
5. 同配偶保持和谐的关系。
6. 承受并适应中年人生理上的变化。
7. 与老年父母相适应。

成年初期，我觉得最重要的就是清醒、踏实、不怕挫折、勇于承担。成年初期对人生的认识和态度往往会形成一种习惯，影响着以后的发展态势。

第二节　成年期认知发展

一、成年初期智力表现的一般特点

1. 比起儿童，成年人的智力特点主要是体现于对知识的应用上。

2. 由于知识的获得及应用在这个年龄阶段形成了良好的有机结合，才使得成年初期个体智力结构中的诸要素在基本保持稳定的同时，仍向高一级水平发展。例如：

(1) 在观察力方面，成年初期个体具有主动性、多维性及持久性的特点，既能把握对象或现象的全貌，又能深入细致地观察对象或现象的某一方面，而且在实际观察中，观察的目的性、自觉性、持久性进一步增强，精确性和概括性也明显提高。

(2) 在记忆力方面，对于成年初期的个体来说，虽然机械记忆能力有所下降，但成年初期的前一阶段是人生中逻辑记忆能力发展的高峰期，有意记忆、理解记忆占据主导地位，而且记忆容量也很大。

(3) 在想象力方面，成年初期个体想象中的合理成分及创造性成分明显增加，克服了前几个发展阶段中所表现出的想象的过于虚幻性，使想象更具实际功用。

二、成年初期思维发展的一般特点

（一）成年初期的思维方式以辩证逻辑思维为主

1.帕瑞（W. Perry）对大学生的思维特点进行了较深入的研究，发现上述转变过程至少可以分为以下三个阶段。

第一阶段：二元论阶段。

思维水平处于此阶段的大学生常以“对”与“错”两种形式来进行推理，对问题及事物的看法是非此即彼、全白或全黑，没有“灰色区”，易将知识视为固定不变的真理，凡事追求“正确的答案”，而不考虑合理的程度。

第二阶段：相对性阶段。

此阶段的个体不再毫无区分地把知识当成不变的真理，而是通过权衡，比较不同的观点、审视各种理论，进而找到解释现实的有效理论。在这个阶段，个体思维过程的抽象性及理论性已达很高水平。

第三阶段：约定性阶段。

此阶段的个体不仅能进行抽象逻辑思维，而且在分析事物时具有自己的立场和观点；对各种现象的解释能持相对的态度，由于能意识到所有事物都具有运动及变化的性质，因此，既能坚持那些约定俗成的立场和思想观点，又能随时对此做出调整。

2.另一位美国著名的成人思维研究专家拉勃维维夫（G. Labouvie-vief，1980）认为，成年期思维中的形式逻辑性逐渐减退，而以现实为导向的实用性成分逐渐增多。

拉勃维维夫认为，成年初期出现的“变通性”思维是思维的一种新的整合，也是一种分析问题和解决问题的新策略，具体表现为，由于能意识到现实生活中的各种条件及限制，而根据问题情景进行具体的和实用的分析和思考，并不严格按照逻辑法规进行推演，这正是思维不断成熟和发展的表现，而不是退化。

（二）成年初期的后阶段是表现创造性思维的重要时期

成年初期的后期阶段是创造性思维表现十分突出的一个时期，处于一生中创造性思维表现的最佳年龄区。

三、成年中期的智力发展

（一）智力发展模式

所谓智力发展模式，主要是指智力水平随年龄变化的轨迹，任何一种智力发展模式必须回答：智力发展是单向的还是多向的、单维的还是多维的。

众多的成人智力发展研究表明，中年人的智力发展模式是晶体智力继续上升，流体智力缓慢下降；智力技能保持相对稳定，实用智力不断增长。

1.晶体智力与流体智力

（1）卡特尔依据智力发展与生理和文化教育的关系，把智力区分为两大类，即晶体智力和流体智力。

（2）晶体智力是指通过掌握社会文化经验而获得的智力，如词汇、言语理解、常识等以记忆贮存的信息为基础的能力。

（3）流体智力以神经生理为基础，随神经系统的成熟而提高，相对地不受教育与文化的影响，如知觉速度、机械记忆、识别图形关系等。

2.智力技能与实用智力

以巴尔特斯（P. B. Baltes）为首的新机能主义者进一步发展了卡特尔和霍恩的观点，提出智力发展可区分为两种过程：

第一种过程也叫基础过程，与思维的基本形式密切相关，它的主要功能在于负责信息加工和问题的解决，所以又叫做智力技能。

第二种过程是智力技能和情境、知识相联系的应用，所以又叫实用智力。它主导着成年期智力的发展。

（二）智力活动的性质

1.智力是一种心理机能，它具有适应意义

正像皮亚杰所指出的，智力的本质是适应。越来越多的心理学家认识到，进入成年期后，智力变化仍具有适应意义。这就是说，中年人的智力活动特点是与其对环境的适应分不开的。环境对个体有什么要求，个体相应的智力功能就得到发展。

2.智力的主要成分

（1）智力成分的研究思路

在智力结构成分的研究上，心理学家进行了大量的探索，归结起来，主要是两种思路。

一种是心理测量理论，研究者根据自己对智力结构的认识，选取、编制测量智力结构成分的材料，通过外在的测量材料来考察智力结构中各成分的关系及发展。

另一种是信息加工理论，把智力活动过程视为信息加工过程，并把该过程划分为不同的阶段进行研究，根据刺激一反应来推断智力活动的内在过程。

（2）外显智力理论与内隐智力理论

a. 外显智力理论

不论是心理测量还是信息加工理论，都是基于某研究者的智力观，通过外在的刺激材料进行测量评定的。所以，它们又统称为外显智力理论。

从发展心理学的角度看，外显智力理论对智力发展的研究更多是侧重于智力的量变，考察某种智力成分水平的变化，而未能从生活实际和社会的角度去分析各年龄段智力活动性质的变化。

b. 内隐智力理论

以斯腾伯格（R. J. Sternberg）为首的几位美国心理学家提出了智力的内隐理论。

智力内隐理论是指人们（包括心理学家和普通人）在日常生活和工作背景下所形成的、以某种形式保留于个体头脑中的关于人类智力结构及其发展的看法。

3.智力操作方式

智力操作方式涉及智力活动的内在过程，具体说就是个体如何加工信息、组织知识经验。

中年人的智力任务是以如何运用知识技能为主，不仅抽象的学术智力重要，社会能力与生活能力也十分重要。这决定了中年人智力操作方式不再以抽象的逻辑思维为主，而是由抽象上升到具体。

（三）影响中年人智力活动的主要因素

1.社会历史因素

中年人与儿童青少年相比，由于年龄大，自然经历的社会历史事件和社会各方面的历史变迁比较大。因此社会历史因素对中年人来说，是不可忽视的影响因素。

2.职业

中年人各自都从事特定的职业活动，这是儿童青少年所没有的，因此，职业因素对智力活动的影响亦不可忽视。

3.身体健康水平

中年期是人的生理发展的一个转折期，也是身体健康易出问题的时期。因此，生理转折的变化对中年人智力活动的影响也是十分重要的。

不仅如此，在影响中年人智力活动的因素中，我认为心态也很重要。积极、健康、乐观的心态，能激发人的活力，促进思维的灵活性。而悲观、痛苦、焦虑、紧张等心态，会使大脑得不到放松，运用知识的灵活性下降，自然影响智力活动的正常进行。

第三节　认知老化的主要理论

一、认知老化的特点

1.一般智力的老化

流体智力到成年时达到高峰，随着年龄的增加减退得较早、较快，到老年减退明显；晶体智力到成年后仍保持良好，70岁后才缓慢减退。

2.加工速度的逐渐减慢

加工速度随年老显著减慢，表现在对信息的搜索、编码、储存和提取各个加工过程速度的减慢，以及老年人对信息加工的程度较浅和对信息组织的程度较低等。

3.记忆老化

（1）记忆加工过程的老化

老年人倾向于以较自动化、概括化的方式编码，缺乏丰富具体的特异性信息，同时，老年人对信息编码的速度降低。

（2）不同记忆系统的老化

研究证明：感觉记忆的年龄差异很小；单纯的短时记忆任务的年龄差异也很小；工作记忆的年龄差异显著；程序性记忆一般无显著的年龄差异；语义记忆也不存在明显的年龄差异，到高龄时才出现减退；与其他记忆系统相比，情节记忆的年龄差异最显著，情节记忆对老化最敏感。

二、认知老化的主要理论

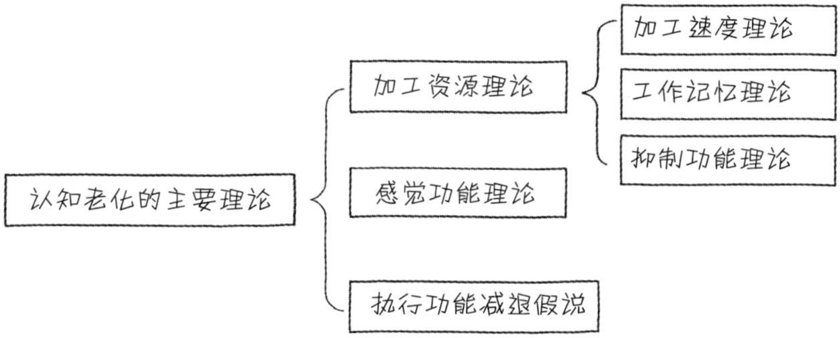

（一）加工资源理论

加工资源理论认为：认知加工是否成功进行是受数量有限的加工资源的限制的，而加工资源直接受年龄的影响。因此，认知功能的年老减退归因于老年人加工资源的减少。

主要的加工资源理论有加工速度理论、工作记忆理论和抑制功能理论。

1.加工速度理论

(1) 加工速度理论是认知老化研究领域内最为成熟和影响力最大的一种理论。

(2) 该理论认为，加工速度减慢是认知功能年老减退的主要原因。速度减慢对认知加工可能造成的影响包括：

a.对信息的编码较浅和组织程度较低。

b.对信息提取的时间延长。

c.建立新旧信息关联的速度减慢而造成理解困难。

d.影响依赖于早期加工的深层加工的进行。

2.工作记忆理论

(1) 工作记忆理论认为，工作记忆的下降是导致认知功能年老减退的一个主要原因。

(2) 阿兰·巴德利（Alan Baddeley）将工作记忆系统划分为三个成分，包括一个中央执行器和两个存储子系统：语音环和视空间模板。

(3) 研究表明：工作记忆是年龄与认知变量之间的另一个主要的中介因子，工作记忆在认知老化过程中可能起一种重要作用，而工作记忆的年老减退主要是由中央执行功能的减退引起的。

3.抑制功能理论

抑制功能理论认为，有效的加工不但需要激活与当前任务相关的信息，更重要的是要同时抑制与当前任务无关的信息。

老年人认知功能的减退往往就是由于不能有效地抑制无关信息所致。

（二）感觉功能理论

感觉功能理论把认知老化归结为老年人各种感觉器官功能衰退的结果。

（三）执行功能减退假说

执行功能负责对认知操作进行协调和控制，对认知活动的影响广泛。

近年来，神经生物学的研究表明，额叶，尤其是前额叶，是老化最敏感的一个脑区，并且发现认知功能的年老减退与额叶皮层功能或执行功能的减退关系密切。

三、认知老化结构模型

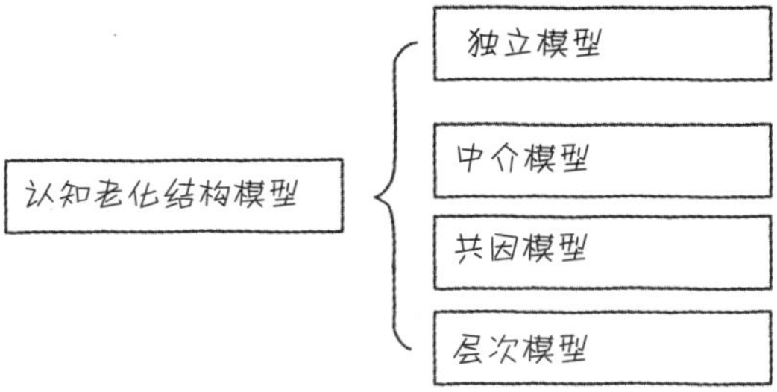

（一）独立模型

独立模型是最早建立的一种模型，只考查年龄对单一变量的影响，而不考虑变量之间的关系。

（二）中介模型

中介模型是近10年来大量研究所证明的一种模型，年龄通过加工速度和工作记忆的中介作用对认知变量产生影响。

（三）共因模型

共因模型是最近提出的一种模型，年龄对认知变量的影响是通过一个共同因子来实现的。

（四）层次模型

层次模型是在上述模型的基础上提出的，年龄控制最高层次的一个共同的中介因子，通过这个共同因子对下一层次的中介因子（包括加工速度和工作记忆在内）起作用，然后对认知变量产生影响。

四、认知老化的影响因素及老年人的认知潜能

（一）认知老化的影响因素

影响认知功能的因素很多，诸如遗传背景、年龄、性别、职业、受教育程度、健康状况，以及个性、情绪、态度、动机、自我效能、自我概念和自我信心等非认知因素，都会影响认知功能。

（二）老年人的认知潜能

1.什么是认知潜能？

认知功能的毕生发展过程始终包括发展（获得）和衰退（丧失）两个复杂而相互关联的动力学过程，有较大的变异性和可塑性。这导致适当的干预措施，如认知训练，可延缓认知功能的减退，并可在一定的程度上改善认知功能。可能得到提高的这部分能量，即是认知潜能。

2.老年人的认知潜能能否得到提高？

国内有关研究发现，策略训练可使老年人的词语记忆成绩提高3—5倍，达到、甚至超过未经训练的青年人，由此证明老年人的记忆具有一定的可塑性。

在老年痴呆症的早期进行认知干预，对于延缓和改善老年性痴呆症病程的发展可能有重要价值。

老年时期，虽然生理上老化了，但是在策略和经验上却占优势，所以老年人要改变传统思想，不要认为人老了，不行了。其实只要心年轻，老年人的认知潜能一样可以很棒。

第四节　成年期人格发展

一、自我发展理论

自我意识：人格的重要组成部分，它的发展变化不仅与人格结构的变化有密切关系，而且与人格发展水平也同样紧紧相关。

（一）艾里克森的发展社会性理论

自我发展是人终生的命题。自我意识的发展和自我同一性的建立决定着个体自我发展的方向和水平，影响着人的人生观和价值观的形成和稳固。

儿童期：在与外部世界发生联系的过程中认识自身的存在。

青年期：开始注意本我的存在，并将注意力集中到发现自我、关心自我的存在上。

成年初期：成年初期的重要任务就是自我意识的发展和自我同一性的确立。

自我意识的发展促进了自我形成。自我明显的分化，意味着自我矛盾冲突的加剧，其结果是造成在新的水平和方向上达到协调一致，即自我统一。

（二）荣格的内倾—外倾说

生命力内流占优势的人属于内倾型，内倾者重视主观世界，常沉浸在自我欣赏和幻想之中。

生命力外流占优势的人属于外倾型，外倾者重视外部世界，好活动、爱交际。

纵观整个人生历程，人的前半生的发展更多为外倾型；而当跨入后半生后，个体的发展更多表现出内倾型的特点。

（三）拉文格的发展类型说

自我不仅可以作为客体被认识，而且也可以作为主体发挥调节功能。拉文格（Loevinger）认为，自我是人格的核心，了解自我的发展也就等于认识了人格的发展。自我的发展是个人与环境交互作用的结果，自我的改变也就意味着我们的思想、价值、道德、目标等组织方式的改变。

发展类型说认为，自我的发展既是过程又是结果。拉文格把自我发展过程出现的类型划分为八种，每种类型代表着自我发展的一种水平，其中成年期自我发展主要经历后四个阶段：

1.前社会阶段。刚出生的婴儿没有自我，他的第一个任务是学会把自己与周围环境区别开来，形成“现实”的观念，认识到存在一个稳定的客观世界。只有达到“客体永恒”和“客体守恒”，才能形成一个不同于外在世界的自我，但是处在这一阶段的儿童，自我与客体是不分的。

2.共生阶段。儿童在了解了客体稳定性之后，仍有可能认为自己与父母或生活中的一些玩具有着共生的关系。儿童从这种共生现象中，有意义地促进了把自己与非自己区分开来的过程。这里，语言起着十分重要的作用。

3.冲动阶段。儿童的冲动有助于证实他的独立的同一性。儿童的冲动起先是受到强制性制约的，后来还受到直接的奖惩的制约。儿童对其他人的需要是强烈的。

4.自我保护阶段。这一阶段的儿童认识到存在规则，并学会了期待直接的短时的奖惩。儿童一方面把规则用于自己的满足和利益，另一方面又要注意控制冲动，学会保护自己。

5.遵奉者阶段。只有少数成年人处于这个水平。在这个水平的个体行为完全服从于社会规则，如果违反就产生内疚感。处于这一水平的个体还表现出强烈的归属需要。

6.公正阶段。也叫良心水平。个体遵守规则不是为了逃避惩罚，也不是为了群体支持，而是为了自己的选择和评价规则。外在规则已经内化为个体的规则，个体形成了自我评价标准，自我反省开始发展。

7.自主阶段。个人需要与社会规则并不总是一致，因此该阶段的一个独特标志是承认和处理内部冲突的能力。也就是说，承认和处理冲突的需要，冲突的责任心，以及需要和责任心之间的冲突，通过两极化的思想来排除矛盾。

8.整合阶段。是自我发展的最高阶段，它十分罕见。个体不仅能正视内部矛盾与冲突，而且还会积极地调和、解决这些冲突，并放弃那些不可能实现的目标。在很大程度上，自主阶段的描述已经包含整合阶段。所不同的是，在整合阶段同一性的观念得到进一步的加强。

二、成年老期个性的稳定性与可变性

国内外的研究表明，人到成年晚期，个性虽发生了某些变化，但个性的基本方面是持续稳定的，而且稳定多于变化。

个性的连续性大大超过它的不连续性，就大多数老年人来说，各人的个性特点是各人年轻时个性的继续。因此，老年期个性发展的特点既有可变性，又有稳定性。

第五节　临终心理

一、死亡的意义

死亡：死亡与疾病一样是生命自然规律的一部分，是人生所承受的最后袭击。

一般来说，我们会尽可能将其向后推迟。老年期的死亡是生物意义上生命的自然终结，它不仅是个人生命的终止，而且是影响死者周围人的一种社会事件。

对死亡概念的全面了解至少需要三个因素：

(1) 不可逆转性：人死不能复生。

(2) 无功能性：活着时的技能在死后就停止了。

(3) 普遍性：人终有一死，或重于泰山，或轻于鸿毛。

二、死亡焦虑

大多数人都会经历某种有意识或无意识的死亡焦虑。死亡焦虑至少具备四个不同特征：

(1) 对躯体变化的担忧，如老化和疾病；

(2) 对时间流逝的意识；

(3) 对伴随死亡而来的痛苦和紧张的担忧；

(4) 对死亡引起的智力和情绪反应的担忧。

成年晚期的死亡焦虑更多是一种长时间的消极情绪，这种情绪由以上提到的四点原因造成。然而研究证明，老年人怀有的死亡焦虑到达一生中的顶峰，对这一模式有三种解释：

(1) 老年人更虔诚，并可能会在死后生命的概念中找到安慰；

(2) 老年人可能比年轻人感到更能接受他们的生活以及他们所做出的决定；

(3) 老年人对死亡更为熟悉，也就是更多经历他人死亡的机会。

三、临终心理

老年临终病人心理和行为会发生变化，临终的状态过程大致可分为五个阶段：

1. 否认阶段。病人对疾病的严重性尚无思想准备，态度的否认是为了暂时躲避病症给予的压迫感。有些病人虽然不知道自己的病情，但了解自己死亡的预期后，为不使家人过度悲伤，故做欢态，但对知情者则会哭诉真情，以减轻内心痛苦且期望出现治疗奇迹。

2. 愤怒阶段。当病情趋于危重、难以否定时，病人表现出生气、愤怒及怨天尤人的情绪，常迁怨家属及医护人员，责怪上帝，发泄他们的苦闷及无奈。

3. 乞求阶段。此一时期，病人存有发生治疗奇迹的幻想，期盼延长寿命，提出种种要求，要求活到完成某些重要事情等。这个阶段的病人还存在着希望，也努力配合治疗。

4. 抑郁阶段。当病人知道自己乞求无效、死亡无法逃脱之后，便进入重度抑郁，表现为悲伤、情绪低落、食欲减退、体重下降等。此时病人会体验到绝望及一种准备后事的悲哀，家属必须在其身旁全心陪伴。

5. 接纳阶段。此阶段病人准备接纳与之俱来的一切，多数病人对自己即将面临死亡有所准备，心情相当平静，对高兴或悲哀麻木默然、置之度外。

四、死亡应对

对临终病人的心理关怀，主要应该根据临终病人的心理发展阶段，给予不同的心理关怀，我们认为可以从以下几方面考虑。

1. 做好基础护理是心理护理的基础；
2. 解除临终病人的苦闷与恐惧；
3. 满足临终病人的需求和愿望：
   (1) 基本的生理需求；
   (2) 安全感的需求；
   (3) 归属与爱的需求；
   (4) 自尊或自我价值的需求；
   (5) 最高层次自我实现的需求。
4. 通过教育帮助临终病人正视死亡。

人在死亡之时，回忆一生，若能没有任何遗憾，则是达到了人生的圆满。怎样才能没有遗憾？我认为人的一生只要努力，只要付出，只要按照自己的价值理念去生活，则临终前，回忆一生的硕果累累之时，不管人生之路多么坎坷，充满酸甜苦辣，最后都会酿成一杯美酒，充满馨香。

一般来说，长寿者有三个心理特点。

第一，热爱生活。长寿者的一个显著心理特点是：热爱生活，热爱劳动，热爱事业。

第二，心情愉快。一个心情舒畅、时常乐观的人，由于生理功能处于稳定和谐的状态，人体抵抗力得到增强，不易被内外致病因素所冲击，有益于健康长寿。相反，一切顽固沉重的忧悒和焦虑，足以给各种疾病大开方便之门。现实表明，“知足常乐”是所有长寿老人的共同秘诀。

第三，性格开朗。性格与健康长寿的关系也十分密切。有关长寿老人的调查材料表明，心胸坦荡、性格开朗是多数长寿老人的共同心理特点。

本章总结

主要内容

成年期的发展任务理论、成年期认知发展、成年期人格发展、临终心理。

重点

成年期发展任务理论、成年期认知发展主要理论。

难点

成年期认知发展理论。

练习题

一、影响中年人智力活动的主要因素是什么？

二、简述拉文格的成年期自我发展的几个阶段。

三、论述加工资源理论的几种代表性观点。

四、谈谈成人晚期智力退化问题。

沃老师说：一个人不可以改变另一个人，也不可以控制另一个人，只能影响另一个人，只有自己才能改变自己！

拓展学习：沃老师文章

文章题目：论认知结构与信息加工过程

资料来源：北京师范大学学报（社科版），2000年第1期

这篇文章有一定的难度，没有一定的认知心理学基础很难理解。建议在查阅相关文献的基础上，认真分析和思考。

摘要：认知结构是指认知活动的组织形态与信息加工的方式，包含了认知活动中的组成成分及成分之间的相互作用等一系列的操作过程，即心理活动的机制。心理系统由感受、效应系统、操作系统、贮存系统、自动控制系统、动力系统、情绪系统组成；认知结构是整个心理系统的一个子系统；信息加工的过程分为连续加工的四个阶段：编码—匹配—选择—反应。随着年龄的增长，信息加工速度的发展具有相同的阶段和变化模式，但不同的加工内容，其加工阶段的变化是不同的。这种变化反映了认知结构的基本变化过程。

关键词：认知结构；信息加工；发展模式

沃老师从内部加工机制以及发展机制的角度概括了前人的研究，不仅考虑了认知的问题，还考虑了动机和情绪因素，这是不同于前人的研究的。

文章题目：《客体与空间工作记忆的分离：来自皮层慢电位的证据》、《图形推理的脑波超慢涨落研究》、《信息加工速度的发展模式》、《人类工作记忆广度个体差异的机制》、《信息加工速度发展的研究进展》等。

补充阅读。

附录一 沃老师的简介

个人情况

沃建中，教授，博导，北京师范大学心理学博士。国际行为发展研究协会会员，中国红十字会总会特聘专家，心理援助专家团团长，“环度教育”首席专家。十几年来，已成为国内影响人数最多、授课频率最高的教育专家之一，并应邀到美国、加拿大、瑞士、澳大利亚、日本等国的大、中、小学做研究与讲学。

沃教授的主要研究方向是认知与脑功能发展、个体潜能开发、职业生涯规划与心理健康教育。主持国家与省部级重点科研课题20余项。主编或撰写丛书及教材73部，发表论文100多篇。1999年，荣获全国首届百名优秀博士学位论文奖（心理学科唯一获奖者）；著作《智力研究的实验方法》获得北京市哲学人文社会科学优秀成果著作二等奖。2003年，主持“儿童脑波超慢功率涨落分布及发展特点”研究项目，获教育部“自然科学科技进步”二等奖（心理学科唯一获奖者）。2011年，由其独创的“刺激信息认知能力值测试系统及其方法（简称脑AT技术）”获得国家发明专利，专利号ZL201010113875.4。

由他主持的教育部“九五”和“十五”重点课题研究成果引起全社会强烈反响。中央电视台、中国教育电视台、北京电视台、《人民日报》、《光明日报》、《中国教育报》、《人民教育》、《中国青年报》等48家新闻媒体争相报道，另外还有142家媒体予以转载，成果已经在全国23个省、市、自治区推广运用，受益人数达500多万。曾应邀到上海、重庆、深圳等25个地区讲座千余场。他还亲自深入大中小学、企业培训指导，获得一致赞誉。

获奖情况

1998年，智力研究的实验方法，获北京市第五届哲学人文社会科学优秀成果著作二等奖。

1999年，信息加工速度的发展研究，获全国首届百名优秀博士学位论文奖。

2003年，小学教师教学策略的研究，获北京市第四届教育科学优秀成果二等奖。

2003年，获教育部“全国高等学校优秀骨干教师”奖。

2003年，6－12岁儿童脑波超慢功率涨落分布及发展特点（2001年发表于《心理科学》），获中国科协期刊优秀论文奖。

2004年，青少年儿童脑电超慢波的发展研究及应用，获教育部“自然科学科技进步”二等奖。

2004年，重实践性教学，育创新型人才，获2004年北京师范大学高等教育教学成果二等奖。

2005年，“心理学研究方法课”，被评为北京师范大学校级精品课程。

2008年，灾后心理危机干预研究：5.12汶川地震心理危机干预的调查报告，获第二届中华优秀出版物抗震救灾特别奖（图书）。

2011年，获“优秀发明家”和“优秀发明专利”称号，国家知识产权局知识出版社。

专利情况

沃建中，刺激信息认知能力值测试系统及其方法，中国发明专利，2011，专利号：ZL2010 10113875.4。

主要科研课题

小学教师教学策略的研究，北京市教育科学“九五”规划重点研究课1996年1月－2000年7月。

小学生心理素质的建构与培养研究，全国教育科学“九五”规划国家教委重点课题，1997年11月－2000年12月。

中学生心理健康的发展特点与教育课程设计研究，全国哲学人文社会科学“九五”规划课题，1998年10月－2000年12月。

小学儿童数形加工策略的发展研究，高等学校全国优秀博士学位论文作者专项基金，2000年1月－2002年12月。

中小学生心理健康的促进研究，高等学校骨干教师资助项目，2000年1月－2002年12月。

青少年数形加工策略的发展研究，国家自然科学基金，2002年1月－2004年12月。

中学生心理素质的促进对其学业成就的影响，国家教育部人文社会科学研究“十五”规划课题，2001年9月－2005年12月。

儿童心理素质的促进对其学业成就的影响，全国教育科学“十五”规划重点课题2002年1月－2005年12月。

小学教师教学策略的形成与影响因素研究，北京市教育科学“十五”规划重点课题，2002年1月－2004年12月。

中学教师教学策略的形成及影响因素研究，教育部人文社会科学研究规划基金项目，2003年12月－2005年10月。

小学儿童数形加工策略的模式及影响因素研究，高等学校全国优秀博士学位论文作者专项基金，2003－2005。

大学生心理健康教育课题，大学生适应量表编制，教育部重点课题,2002年12月－2005年6月。

北京市科委《软件研发高端人才能力测评及应用研究》课题，北京市科委基金项目，2008年7月－2009年10月。

附录二 沃老师的文章

论文

1．沃建中、申继亮，中小学教师自我概念发展的研究，心理发展与教育，1993，9（3）：18 － 22.

2．沃建中，提高中学数学教师课堂行为效能的研究，心理发展与教育，1994，10（3）：34 － 39.

3．沃建中、林崇德，信息加工速度发展的年龄差异机制，心理发展与教育，1996，12（3）：12 － 19.

4．沃建中、申继亮、林崇德，提高教师课堂教学能力方法的实验研究，心理科学，1996，19（6）：340 － 344.

5．张登印、俞国良、沃建中，大学教师成就动机的发展特点与影响因素研究，心理发展与教育，1996，（4）：41 － 44.

6．林崇德、沃建中，儿童和青少年信息加工速度发展函数的研究，心理学报，1997，（1）：43 － 50.

7．沃建中、申继亮、林崇德，信息加工的阶段及其年龄差异源，心理科学，1997，20（2）：113 － 118.

8．林崇德、沃建中、於国荣，信息加工阶段发展变化的机制，北京师范大学学报（自然科学版），1997，（4）：557 － 560.

9．沃建中、林崇德，大学生对句子、图形的内部加工过程研究，心理发展与教育，1997，13（4）：22 － 27.

10．曹宁、沃建中，儿童电视专题片收视情况的初步调查，现代传播，1998，94（5）：60 － 63.

11．沃建中、林崇德，信息加工速度的发展模式，心理发展与教育，1999，15（3）：1 － 6.

12．林崇德、沃建中，7 － 11 岁儿童自我监控能力的发展特点及对认知操作的影响，心理发展与教育，1999，15（4）：1 － 7.

13．曹宝龙、沃建中，高中物理教学中创造性思维的培养，心理发展与教育，1999，15(4)：62 － 64.

14．沃建中、林崇德，青少年自我监控的发展研究，心理科学，2000，23（1）：10 － 15.

15．沃建中，论认知结构与信息加工过程，北京师范大学学报（社科版），2000，157（1）：80 － 86.

16. 沃建中、曹河圻、潘昱、林崇德，6 － 12 岁儿童脑电 α 波的发展特点，心理发展与教育，2000，16（4）：1 － 7.
17. 王国英、沃建中，小学语文教师教学策略的结构研究，心理发展与教育，2000，16(3)：59 － 62.
18. 曹河圻、沃建中、林崇德、潘昱，6 － 12 岁儿童脑电 α 波频率分布特点与信息加工速度的关系，心理学探新，2000，20（4）：32 － 37.
19. 沃建中、林崇德、曹河圻、胡清芬，6 － 12 岁儿童脑波功率涨落特点与信息加工速度的关系，北京师范大学学报（自然科学版），2001，37（1）：118 － 125.
20. 沃建中、黄华珍、林崇德，中学生成就动机的发展特点研究，心理学报，2001，33（2）：160 － 169.
21. 沃建中、宋其争、林崇德，高中生成就动机、物理学习成绩对其自我监控的影响，心理学探新，2001，21（2）：34 － 39.
22. 林崇德、沃建中，6 － 12 岁儿童脑波超慢功率涨落分布及发展特点，心理科学，2001，24（3）：257 － 261.
23. 沃建中、林崇德，加工速度、自我监控对认知操作的影响，心理科学，2001，24（5）：537 － 540.
24. 沃建中、林崇德、马红中、李峰，中学生人际关系发展特点的研究，心理发展与教育，2001，17（3）：9 － 15.
25. 沃建中，信息加工速度发展的研究进展，心理学动态，2001，9（4）：311 － 318.
26. 沃建中、林崇德、刘军，6 － 12 岁儿童脑波超慢涨落功率与计算速度的关系，心理学报，2001，33（6）：526 － 531.
27. 潘昱、沃建中、林崇德，13 － 18 岁青少年表象能力的发展和脑电 α 波的关系，心理发展与教育，2001，17（4）6 － 11.
28. 李晓东、张向葵、沃建中，小学三年级数学学优生与学困生解决比较问题的差异，心理学报，2002，34（4）:400 － 406.
29. 沃建中、李峰，小学生的成就目标和自主性动机之间的关系研究，北京师范大学学报（社会科学版），2002，159（1）：80 － 86.
30. 林崇德、沃建中、胡清芬，记忆状态下儿童青少年脑 α 波特点的研究，北京师范大学学报（自然科学版），2002，38（1）：1 － 5.
31. 沃建中、刘慧娟、林崇德，记忆状态下儿童青少年脑波超慢涨落特点的研究，心理科学，2002，25（3）：286 － 289.
32. 童秀英、沃建中，高中生创造性思维发展特点的研究，心理发展与教育，2002，18(2)：22 － 26.
33. 宋其争、沃建中、林崇德，高中生物理问题解决中自我监控能力结构的研究，心理发展与教育，2002，18（2）：79 － 84.
34. 沃建中、李峰、陈尚宝，5 － 7 岁儿童加法策略的发展特点，心理发展与教育，2002，18（4）：26 － 30.
35. Jianzhong，Wo， Intrusive parenting: How psychological control affects children and adolescents: Chapter 8， Maternal Psychological Control and Preschool Children’s Behavioral Outcomes in China， Russia and the United States， Brain K. Barber，American Psychological Association Washington， DC. Aprail，2002：235-262.
36. 林崇德、沃建中、陈浩莺，小学生图形推理策略发展特点的研究，心理科学，2003，26（1）：2 － 8.
37. 林崇德、沃建中、刘慧娟，中小学智力发展的脑电图研究，心理与行为研究，2003，1（1）：5 － 10.
38. 张宏、沃建中，中学生学习动机类型和对自身学习能力评价的关系，心理发展与教育，2003，19（1）：25 － 30.
39. 沃建中、陈浩莺、林崇德，小学生图形推理策略个体差异，心理发展与教育，2003，19（2）：1 － 8.
40. 沃建中，刘慧娟，小学生不良情绪状况的特点研究，中国临床心理学杂志，2003，11（2）：102 － 104.
41. 沃建中、曹凌雁，中学生情绪调节能力的发展特点，应用心理学，2003，9（2）：11 － 15.
42. 刘慧娟、沃建中，中学生连环数运算中的工作记忆资源分配策略，心理发展与教育，2003，19（4）：41 － 47.
43. 刘慧娟、沃建中、林崇德，小学生的工作记忆资源的分配策略，应用心理学，2004，2：23 － 28.
44. 沃建中、张宏，图形推理任务中儿童策略获得的微观发展过程，心理发展与教育，2004，20（4）：7 － 13.
45. 沃建中、李峰、张宏，5 － 10 岁儿童策略优越性及策略选择的个体差异的研究，心理科学，2004，27（1）：26 － 30.
46. 沃建中，电视对儿童的影响，电视研究，2004，1：17 － 19.
47. 沃建中、闻莉、周少贤，认知风格理论研究的进展，心理与行为研究，2004，2（4）：597 － 602.
48. 周少贤、陈尚宝、董莉、沃建中，3 － 6 岁幼儿独立性和自我控制的发展特点及家庭影响因素，学前教育研究，2004，11：42 － 45.
49. Wo, Jianzhong; Effective Factors of The Strategies Selection of Distributing Working Memory. 28th International Congress of Psychology, 2004,8.

50. Wo, Jianzhong; Lin, Chongde, The Developmental Features of Imagery Ability and Its Relationship with Encephalofluctuography: A Study of Adolescent Aged from 13 to 18. 28th International Congress of Psychology, 2004,8.
51. Lin, Chongde; Wo, Jianzhong, The Developmental Characteristic of Encephalofluctuography in Children and Adolescents in the Memory Conditions. 28th International Congress of Psychology, 2004,8.
52. Zheng, Zheng-wen; Cao, Ling-yan; Wo, Jianzhong, The Effects of Self-discrepancy on Ill Emotion and Subjective well-being of Middle School Students. 28th International Congress of Psychology, 2004,8.
53. Li, Qi;Luo, Liang; Wo, Jianzhong, The Effect of the Junior High School Students' Interpersonal-Relationship on the General Self-concept. 28th International Congress of Psychology, 2004,8.
54. Zhang, Jing; Wo, Jianzhong, Effects of Different Pressure Coping Styles on Middle School Students' Academic Adaptation. 28th International Congress of Psychology, 2004,8.
55. Dong, Jimei; Wo, Jianzhong, Effect of Personality on School Performance Attribution of Junior School Students. 28th International Congress of Psychology, 2004,8.
56. Dou, Donghui; Liu, Caimei; Wo, Jianzhong, The Developmental Dharacteristics of High School Students' Social Attraction Strategy and Quality of Social Relationship. 28th International Congress of Psychology, 2004,8.
57. Liu,Caimei; Dou,Donghui; Zhang,Hui; Wo, Jianzhong, Perceived Parenting Styles and Ill-emotions in Adolescents. 28th International Congress of Psychology, 2004,8.
58. Zhang,Hui; Liu,Caimei; Wo, Jianzhong, How Parenting Styles Impact on Creativity Personality of Adolescents. 28th International Congress of Psychology, 2004,8.
59. Li, Huijie; Luo,Liang; Wo, Jianzhong, Relations of Academic Achievement to Self-efficacy and Subjective Well-being for Middle School Students. 28th International Congress of Psychology, 2004,8.
60. Chen,Shangbao; Bi,Rong; Dong,Li; Wo, Jianzhong, The Characteristics of Educational Belief of Parents in Kindergartens of Minority Area. 28th International Congress of Psychology, 2004,8.
61. Zhou,Shaoxian; Chen,Shangbao; Dong,Li; Wo, Jianzhong, The Developmental Characteristics and Influencing Factors of Family of Self-Control and Independence of 3-6-year-old Children. 28th International Congress of Psychology, 2004,8.
62. Jie Pan; Wo, Jianzhong, The Difference of Senior High School Students: the Learning

Motivation between City and Country. 28th International Congress of Psychology, 2004,8.

63. Hong Zhang, Wo, Jianzhong, Five to ten Years Old Children's Individual Differences in Strategy Superiority and Strategy Choices. 28th International Congress of Psychology, 2004,8.

64. Luo, Liang; Li, Qi; Wo, Jianzhong, Influence of Teachers' Attribution Style on Self-efficacy. 28th International Congress of Psychology, 2004,8.

65. Cao, Ling-yan; Zheng, Zheng-wen; Wo, Jianzhong, The Relationship Between Self-Regulation and Attribution of Senior Middle School Students. 28th International Congress of Psychology, 2004,8.

66. Liu,Huijuan; Wo, Jianzhong; Lin, Chongde, The Strategies of Distributing Working Memory Resources in Different Difficulties of the Running-arithmetic Problems. 28th International Congress of Psychology, 2004,8.

67. Dong, Li; Wo, Jianzhong, The Developmental Characteristics of Grade 3-6 Primary Students' Interpersonal Relations. 28th International Congress of Psychology, 2004,8.

68. Li Dong; Shangbao Chen; Shaoxian Zhou; Jianzhong Wo. Factors Affecting Parenting Beliefs of 4-6 Kindergarteners’ Parents. 28th International Congress of Psychology, 2004,8.

69. Yingchun Wang; Li Wen; Jianzhong Wo, A Research on High School Student’s Subjective Well-being and Relationship. 28th International Congress of Psychology, 2004,8.

70. Wen, Li; Wang, Yingchun; Wo, Jianzhong, The Relationship Between Self-Control of Junior School Students and Parenting Style. 28th International Congress of Psychology, 2004,8.

71. 刘万伦、沃建中，师生关系与中小学生学校适应性的关系，心理发展与教育，2005，20（1）：87 — 90.

72. 董莉、沃建中，3 — 6 年级小学生人际交往发展特点的研究，中国临床心理学杂志，2005，13（1）：45 — 47.

73. 陈尚宝、沃建中、罗良，8 — 11 岁儿童解决加法等值问题的策略发展特点，心理发展与教育，2005，20（2）.

74. 张宏、沃建中，图形推理任务中儿童策略获得的发展机制，心理科学，2005，28（2）：314 — 317.

75. 方晓义、沃建中、蔺秀云，《中国大学生适应量表》的编制，心理与行为研究，2005，3（2）：95 — 101.

76. 沃建中、刘彩梅、曹凌雁，中学生情绪调节能力的发展特点（英文），中国临床康复，2005，9（20）：240－242.
77. 沃建中，儿童青少年的信息加工及脑机制研究，心理发展与教育，2005，21，增刊：53－62.
78. 罗良、沃建中、陈尚宝、王福兴，中学教师归因方式与自我效能感的关系研究，中国临床心理学杂志，2005，13（4）：427－428，445.
79. 沃建中、罗良、林崇德、吕勇，客体与空间工作记忆的分离：来自皮层慢电位的证据，心理学报，2005，37（6）：729－738.
80. 魏高峡、梁承谋、李佑发、沃建中，优秀游泳运动员赛前心理状态的脑功能特征研究，体育科学，2005，25（10）：41－46.
81. 张璟、沃建中、林崇德，自我反思对初中生解题策略的影响，应用心理学，2005，11（4）：302－306.
82. 沃建中、孙慧明，《青少年心理健康素质调查表》归因风格分量表的编制，心理与行为研究，2006，4（2）：90－94.
83. 沃建中、李琪、田宏杰，不同推理水平儿童在图形推理任务中的眼动研究，心理发展与教育，2006，22（3）：6－10.
84. 李会杰、刘涵慧、沃建中，图形推理的脑波超慢涨落研究，北京师范大学学报（自然科学版），2006，42（3）：305－309.
85. 吴国来、沃建中，中学教师的人格特点研究，心理与行为研究，2006，4（3）：184－187.
86. 吴国来、沈德立、白学军、沃建中，大中小学生内隐序列学习的发展性研究，心理科学，2006，29（2）：267－270.
87. 韦义平、沃建中，教学策略研究的趋势：主体教学策略发展研究，广西师范大学学报：哲学社会科学版，2006，42（1）：105－110.
88. 沃建中、张晖、刘彩梅，电视对儿童成长的影响，中国临床康复，2006，10（6）：187－189.
89. 罗良、沃建中、林崇德，人类工作记忆广度个体差异的机制，心理发展与教育，2006，22（1）：122－126.
90. 吴国来、沃建中、白学军、沈德立，不同认知风格11岁儿童内隐序列学习的差异，心理发展与教育，2006，22（1）：39－42.
91. 沃建中、杨伟刚、林崇德，中学生聚合思维发展特点的研究，应用心理学，2006，（4）.
92. 董莉、陈尚宝、沃建中，影响4－6岁幼儿父母教育观念的因素研究，学前教育研究，2006，（12）.
93. 窦东徽、沃建中，顿悟问题解决过程中抑制解除理论有效性的实验研究，心理科学，

2007，30（2）：362 － 364.
94. 沃建中、王福兴、林崇德、刘彩梅，不同学业成就中学生创造性思维的差异研究，心理发展与教育，2007，（2）.
95. 张璟、林崇德、沃建中，解题反思对数学学业优差生解题过程的影响，心理科学探新，2007，（2）：59 － 62.
96. 张晖、王福兴、沃建中、李雅红，小学 2 － 5 年级儿童基于成功基础率的策略适应性，心理与行为研究，2007，（2）.
97. 李会杰、沃建中、刘涵慧、赵丽琴，刺激类型及表征关系对无意视盲的影响，心理学报，2007，（6）.
98. 王福兴、倪牧宇、李卉、沃建中，网络成瘾的诊断及其治疗，心理科学，2008，31（3）：714 － 716.
99. 王福兴、倪牧宇、李卉、沃建中，言语、图形任务条件下青少年发散性思维的差异研究，心理科学，2009，（1）.
100. 沃建中、向燕辉、沈莉、邹高祥、李二霞，5 · 12 重震区成人受灾者不良情绪反应程度与人格、应对方式等因素关系研究，中国临床心理学杂志，2009，（2）.
101. 沃建中、王烨晖、刘彩梅、林崇德，青少年创造力的发展研究，2009，32（3）：535 － 539.
102. 向燕辉、沃建中、邹高祥、沈莉、李二霞，地震中有无亲属遇难群体的人格、心身健康及应对方式特点比较，中国心理卫生杂志，2009，7（23），488 － 492.
103. 彭彧华、沈莉、沃建中、向燕辉、李二霞、邹高祥、刘扬，当代大学生性行为和性态度、性知识的特点及关系，人口研究，2009，33（6），85 － 93.
104. 沃建中、陈婉茹、刘扬、林崇德，创造能力不同学生的分类加工过程差异的眼动特点，心理学报，2010，42（2）.
105. 李二霞、沃建中、向燕辉，5 · 12 重震区儿童青少年心身健康与应对特点及关系，社会心理科学，2010，（4）：69 － 74.
106. 向燕辉、沃建中、沈莉、李二霞、邹高祥，复杂算术精算与估算的脑机制及皮层活动效应，心理科学，2010，（3）.
107. 沈莉、沃建中，地震中受灾群体与救援人员人格、应对方式和心身健康比较，中国健康心理学杂志，2010，（6）.
108. 李二霞、向燕辉、沃建中，5 · 12 汶川重震区中小学生身心健康与应对特点，教育学术月刊，2010，（6）.
109. 沈莉、向燕辉、沃建中，高中生主观幸福感与自我控制、人际交往及心理健康关系，中国健康心理学杂志，2010，（7）.
110. 沈莉、沃建中、彭彧华，大学生性知识现状及影响因素研究，中国性科学，2012，（6）.

非学术文章

1．沃建中，过度焦虑——考试的劲敌，科学世界，1998，（6）：29 － 30.
2．沃建中，学生心理素质：怎么看？怎么办？瞭望新闻周刊，2000，（11）：44.
3．沃建中，心理素质——成功的第一块基石，思想政治课教学，1999，（7 － 8）：39 － 40.
4．沃建中，怎样引导学生正确认识自己，思想政治课教学，1999，（7 － 8）：40 － 41.
5．沃建中，帮助学生锻炼心理品质，思想政治课教学，1999，（7 － 8）：41 － 42.
6．沃建中，留一份好心情，思想政治课教学，1999，（9）：19 － 20.
7．沃建中，在日常生活中培养学生的坚强意志，思想政治课教学，1999，（9）：21 － 23.
8．沃建中，当学生面临挫折的时候，思想政治课教学，1999，（10）：19 － 20.
9．沃建中，唤醒心中的巨人，思想政治课教学，1999，（10）：22 － 24.
10．沃建中，帮助学生树立自信，思想政治课教学，1999，（11）：1 － 6，19 － 20.
11．沃建中，塑造良好性格，思想政治课教学，1999，（11）：21 － 23.
12．沃建中，交友热线，思想政治课教学，1999，（12）：19 － 20.
13．沃建中，教学生读书，思想政治课教学，1999，（12）：21 － 23.
14．沃建中，培养学生的良好心理素质，辅导员，1999，（9）：24 － 26.
15．沃建中，握住人生的缰绳——认识自我，辅导员，1999，（10）：30 － 32.
16．沃建中，创造型人才的基石——意志，辅导员，1999，（11）：26 － 28.
17．沃建中，自信——人生成功的一半，辅导员，1999，（12）：26 － 28.
18．沃建中，共建我们的家，思想政治课教学，2000，（1）：17 － 18.
19．沃建中，自律——素质教育的“细胞”，思想政治课教学，2000，（1）：19 － 20.
20．沃建中，创造力培养的“主旋律”，辅导员，2000，（2）：28 － 29.
21．沃建中，创造性思维的载体——知识，还是物体，辅导员，2000，（3）：30 － 31.
22．沃建中，创造性的发散，辅导员，2000，（4）：28 － 29.
23．沃建中，聚合思维——发散思维的孪生姐姐，辅导员，2000，（5）：28 － 30.
24．沃建中，思维的逆向性和迁移性，辅导员，2000，（6）：30 － 32.
25．沃建中，重新组合——创造性思维的关键，辅导员，2000，（7 － 8）：62 － 63.
26．张璟、沃建中、林崇德，自我反思对初中生解题策略的影响，心理学，2006，（7）：69 － 72.

著作

1．沃建中著，智力研究的实验方法，浙江人民出版社，1997年1月.
2．沃建中著，小学数学教学心理学，北京教育出版社，2000年11月.

3．沃建中等著，走向心理健康，发展篇，华文出版社，2002年1月.
4．沃建中等著，中小学心理健康教育指导，智力篇，科学出版社，2003年10月.
5．沃建中等著，中小学心理健康教育指导，教师篇，科学出版社，2003年10月.
6．沃建中等著，中小学心理健康教育指导，人格篇，科学出版社，2003年10月.
7．沃建中等著，中小学心理健康教育指导，情绪篇，科学出版社，2003年10月.
8．沃建中等著，中小学心理健康教育指导，学习篇，科学出版社，2003年10月.
9．沃建中等著，中小学心理健康教育指导，自我篇，科学出版社，2003年10月.
10．沃建中等著，中小学心理健康教育指导，人际篇，科学出版社，2003年10月.
11．沃建中等著，中小学心理健康教育指导，父母篇，科学出版社，2003年10月.
12．沃建中著，通向成功的桥梁——人际交往，高等教育出版社，2004年9月.
13．沃建中著，创造性人才的测评，北京师范大学出版社，2007年.
14．沃建中等著，心理资产世代相传，家长心态，北京航空航天大学出版社，2010年.
15．沃建中等著，我引孩子找方法，亲子帮助，北京航空航天大学出版社，2010年.
16．沃建中等著，亲自架起沟通的桥梁，亲子沟通，北京航空航天大学出版社，2010年.
17．沃建中等著，携手设计未来梦想，高考志愿填报，北京航空航天大学出版社，2010年.
18．沃建中等著，承诺成就未来，明确目标，北京航空航天大学出版社，2010年.
19．沃建中等著，使用你的成功利器，学习策略，北京航空航天大学出版社，2010年.
20．沃建中等著，我就是最大的金矿，认识自我，北京航空航天大学出版社，2010年.
21．沃建中等著，享受巅峰的经历，心理战略，北京航空航天大学出版社，2010年.
22．沃建中等著，宝贝计划——0岁潜能开发，北京航空航天大学出版社，2010年.
23．沃建中等著，宝贝计划——1岁潜能开发，北京航空航天大学出版社，2010年.
24．沃建中等著，宝贝计划——2岁潜能开发，北京航空航天大学出版社，2010年.
25．沃建中等著，宝贝计划——3岁潜能开发，北京航空航天大学出版社，2010年.
26．沃建中著，心理资产——家长留给孩子的财富，世界图书出版公司，2011年.
27．沃建中著，承诺未来——掌握自己的梦想，世界图书出版公司，2011年.
28．沃建中任编委，《爱的透视窗——大学生情感故事》，北京出版社，2009年.
29．沃建中任编委，《最美的花季——高中生青春故事》，北京出版社，2010年.
30．沃建中任编委，《成长的烦恼——初中生校园故事》，北京出版社，2010年.

沃老师指导中学教师上心理活动课

沃老师课下指导学生们

这架势，活脱脱“五号特工组”啊！

沃老师给中学生讲座

沃老师给大学生上课

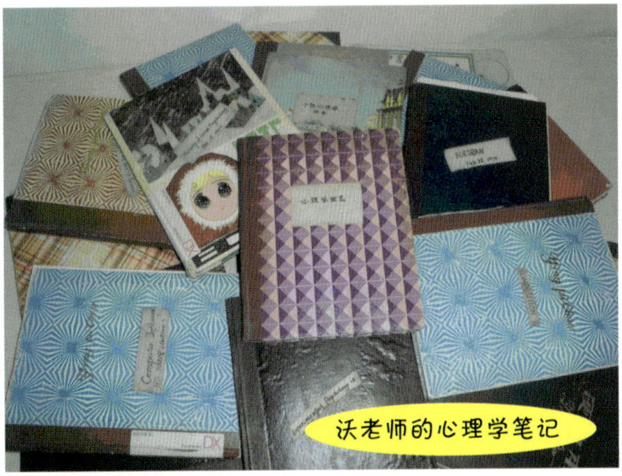
沃老师的心理学笔记

沃老师给研究生上课

沃老师桃李满天下！

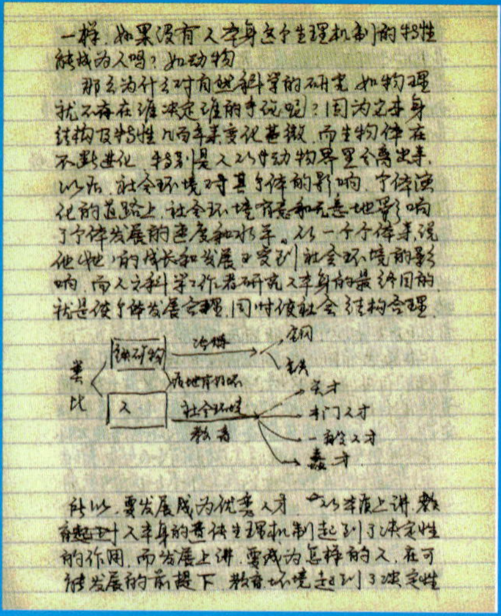

一样，如果没有人本身这个生理机制的特性能成为人吗？如动物

那么为什么对自然科学的研究如物理就不存在谁决定谁的争论呢？因为它本身结构及特性几百年来变化甚微，而生物体在不断进化，特别是人这个动物界里分离出来以后，社会环境对其个体的影响，个体演化的道路上，社会环境有意和无意地影响了个体发展的速度和水平。从一个个体来说，他(她)的成长和发展受到社会环境的影响，而人文科学工作者研究人本身的最终目的就是使个体发展合理，同时使社会结构合理。

所以，要发展成为优秀人才，从本质上讲，教育对人本身的遗传生理机制起到了决定性的作用，而从发展上讲，要成为怎样的人，在可能发展的前提下，教育环境起到了决定性

沃老师阅读朱智贤《解放前我国儿童心理学发展概述》有感2

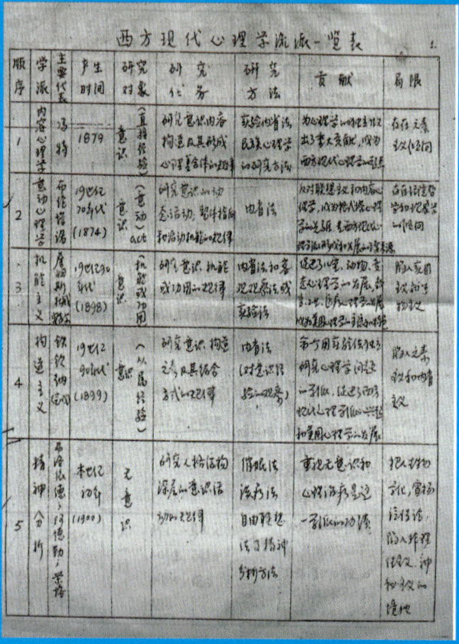

西方现代心理学流派一览表

西方现代心理学流派一览表

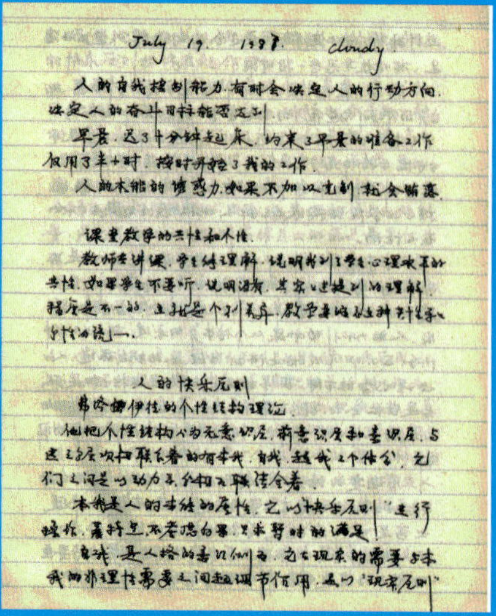

July 19. 1987. cloudy

人的自我控制能力，有时会决定人的行动方向，决定人的奋斗目标能否达到。

早晨，迟了十分钟起床，结束了早晨的准备工作仅用了半小时，按时开始了我的工作。

人的本能的诱惑力，如果不加以克制，就会堕落。

课堂教学的共性和个性。

教师在讲课，学生在理解，说明找到了学生心理水平的共性，如果学生不要听，说明没有，其实达到的理解程度是不一的，主要是个别差异，教学要做到共性和个性的统一。

人的快乐原则

弗洛伊德的个性结构理论

他把个性结构分为无意识层、前意识层和意识层，与这三层次相联系着的有本我、自我、超我三个部分，它们之间是以动力关系相互联结合着。

本我是人的本能的层性，它以"快乐原则"进行操作，着于满足，不考虑后果，只求暂时的满足！

自我，是人格的意识侧面，它在现实的需要与本我的非理性需要之间起调节作用，是以"现实原则"

人的快乐原则——弗洛伊德的个性结构理论1

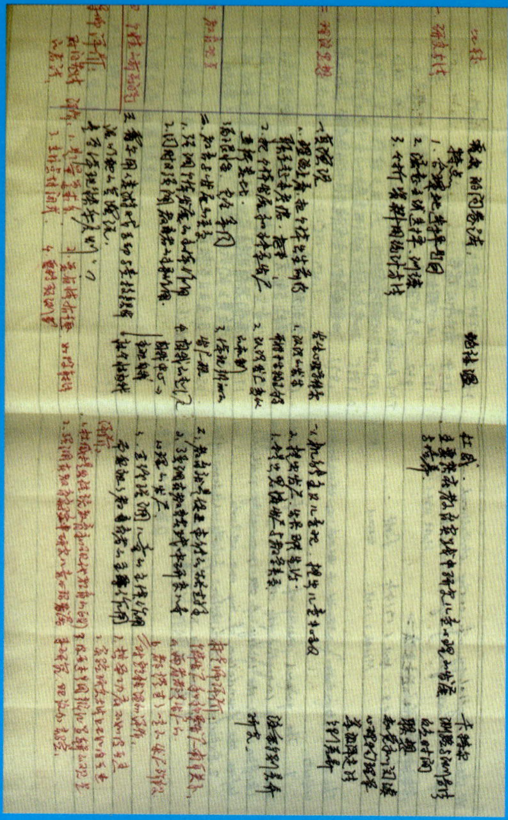

《儿童心理学》读书笔记

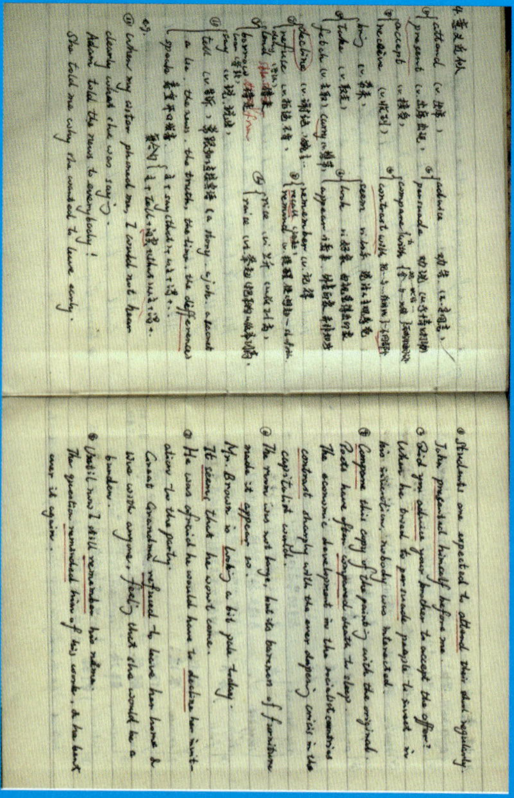

沃老师英语笔记